国外水稻联合收割机新技术及相关理论研究

编译　陈德俊　陈　霓　姜喆雄
　　　陈树人　王志明　徐锦大
校对　姜喆雄　沙立功　陈红光
设计　傅美贞

江苏大学出版社
JIANGSU UNIVERSITY PRESS
镇　江

图书在版编目(CIP)数据

国外水稻联合收割机新技术及相关理论研究 / 陈德俊等编译. —镇江：江苏大学出版社，2015.6
ISBN 978-7-81130-995-9

Ⅰ. ①国… Ⅱ. ①陈… Ⅲ. ①水稻收获机—联合收获机—研究—国外 Ⅳ. ①S225.4

中国版本图书馆 CIP 数据核字(2015)第 137200 号

国外水稻联合收割机新技术及相关理论研究
Guowai Shuidao Lianhe Shougeji Xinjishu Ji Xiangguan Lilun Yanjiu

编　译 / 陈德俊　陈　霓　姜喆雄　陈树人　王志明　徐锦大
责任编辑 / 吴昌兴　郑晨晖
出版发行 / 江苏大学出版社
地　　址 / 江苏省镇江市梦溪园巷 30 号(邮编：212003)
电　　话 / 0511-84446464(传真)
网　　址 / http://press.ujs.edu.cn
排　　版 / 镇江文苑制版印刷有限责任公司
印　　刷 / 丹阳市兴华印刷厂
经　　销 / 江苏省新华书店
开　　本 / 718 mm×1 000 mm　1/16
印　　张 / 12.5
字　　数 / 211 千字
版　　次 / 2015 年 6 月第 1 版　2015 年 6 月第 1 次印刷
书　　号 / ISBN 978-7-81130-995-9
定　　价 / 35.00 元

如有印装质量问题请与本社营销部联系(电话：0511-84440882)

前 言

  本书主要根据日本《农业机械学会志》和会议论文等有关资料编译而成。全书分为两部分,第一部分(第1章和第2章)介绍了日本半喂入(穗喂入)和全喂入(普通型和通用型)两类联合收割机在1996—2013年期间所开发的新技术,内容涵盖收割、输送、脱粒、清选、籽粒处理、操纵、行走、自动控制、动力配套、维护保养及信息化联合收割机开发等方面;第二部分(第3章和第4章)介绍了上述两类联合收割机在收割、脱粒、清选和行走等方面的相关理论研究,还介绍了被称为介于全喂入和半喂入之间的梳穗式(站秆脱粒)联合收割机的试验研究。另外,该部分还介绍了苏联有关谷物联合收割机清选机构的设计计算理论。

  在第3章中,日文文献3.1"联合收割机切割器驱动装置的力学模型及其检证"、3.2"关于轴流脱粒机研究——被脱粒物脱粒室内的运动分析"、3.4"用有限体积法的联合收割机脱粒装置分选风速的数值分析"三篇文献,由中国农业机械化科学研究院姜喆雄编译;英文文献3.5"用于预测履带式车辆转向阻力的理论模型",由金华职业技术学院机电工程学院陈霓编译,金华职业技术学院国际商务学院陈红光校对;第4章中英文文献4.1"基于谷物籽粒流量变化调整清选风机的研究",由江苏大学农业工程研究院陈树人编译,陈德俊校对;英文文献4.2"清选风作用下稻谷飞行轨迹研究",由金华职业技术学院机电工程学院王志明编译,陈红光校对;全书其余日文文献(第1章、第2章、第3章3.3、3.6、3.7和第4章4.4)及俄文文献(4.3)由金华职业技术学院机电工程学院陈德俊编译,分别由中国农业机械化科学研究院姜喆雄(日文)、沙立功(俄文)校对;浙江省农业机械研究院徐锦大负责全书统稿;金华职业技术学院学报编辑傅美贞负责全书的设计。

  本书出版承蒙日本农业机械学会及日本农业机械学会主席宫崎昌宏先

生和秘书长杉山隆夫先生的热情支持,以及日本新农林社董事长岸田义典先生的关心和帮助;中国农业机械化科学研究院陈公望研究员为本书的编译出版提供了诸多帮助。在此一并表示感谢!

编译者在此也向所有原著作者致意,感谢他们的辛勤劳动!

本书由金华职业技术学院出版基金、浙江省自然科学基金"提高水稻联合收割机脱分选系统性能的基础研究"项目(Y1110647)和国家自然科学基金"水稻联合收割机脱分选系统工作机理及设计方法研究"项目(51305182)资助出版。

本书因金华职业技术学院联合收割机科研工作需要而编译。本书对了解日本水稻联合收割机的技术沿革和发展近况,对我国水稻联合收割机产品开发和理论研究有一定的参考价值,可供联合收割机生产厂家和农业机械科研院所的技术人员及大专院校的农业机械专业师生参考。

由于水平所限,书中错误在所难免,欢迎批评指正。

陈德俊

2014 年 12 月

目　录

概　述

在水稻生产过程中,收获作业是用工量最多、劳动强度最大的作业,水稻收获机械化因而受到高度重视。在联合收割机研发方面,日本首先引进国外的小麦联合收割机进行水稻收获试验,但由于其机型体积大而笨重,不适应田块小、土壤承压力低的水田作业,因此开始自行研发小型水稻联合收割机。该联合收割机有 3 个特征:一是受国外技术的启发采用半喂入收获方法,即只把稻穗喂入收割机脱粒而茎秆不喂入(中国于 1957 年发明了世界上第一台半喂入谷物联合收割机,样机于 1958 年在莱比锡国际博览会上展出);二是模仿人工收割水稻的动作设计收割台;三是用接地面积大的履带替代轮子。通过多年反复试验研究,日本于 1968 年成功研发了实用化的半喂入水稻联合收割机,并将其用于农业生产,经大面积生产实践不断完善。为适应除水稻以外多种作物的收获,日本又开发了纵轴流式全喂入通用型联合收割机,并进行了站秆脱粒联合收割机的试验研究。日本在水稻联合收割机研发过程中创造了许多新技术,日本学者对联合收割机研究深入细致发表了不少高水平的学术论文。苏联在水稻收获机械化方面也进行了很多试验研究,开发了履带式水稻联合收割机(如 СКД-5Р),出版了 Э. В. Жалинин 的专著《水稻收获机械化》等。苏联《农业机械设计手册》中关于联合收割机清选装置的设计计算方法的论述被广泛引用。

日本水稻生产的气候环境、土壤条件、种植方式和中国基本相同,其水稻联合收割机产品在中国适应性很强。日本水稻联合收割机的研发经历了一个曲折漫长的过程。

日本农作物种植面积约为 424.4 万 hm^2,约占国土面积的 11.3%;2010 年农业人口约为 260 万人,约占总人口的 2.0%,其中 65 岁以上的农业人口占农业人口总量的61.6%。水稻种植面积为 162.4 万 hm^2,约占总种植面积的

38%,水稻总产量为 882.30 万 t,单产约为 5 432.88 kg/hm^2。

日本的 2 行和 3 行半喂入联合收割机属小型机,适用于种植规模小于 1 hm^2 的农户,2008 年该类收割机约占收割机总量的 70%;4 ~ 6 行机属大型机,适用于种植规模大于 1 hm^2 的农户。

在 1966 年之前,日本的水稻收获靠人工和固定式脱粒机完成,1966 年后,水稻收获用割捆机和移动式脱粒机完成。1968 年成功开发集收割、脱粒于一体的联合收割机。久保田于 1980 年开发了 4 行机(CRX 系列),1988 年开发了 5 行机(RI 系列),1994 年开发了 6 行机(SR 系列)。现在 ER 系列 6 行机最高作业速度已达到 1.9 m/s。

1995 年水稻收获机械化情况如下:

水稻收获作业已近 100% 实现了机械化,特别是 1995 年以来,由半喂入联合收割机和普通型(全喂入)联合收割机收割的比例年年增加,已经从 1975 年的 35% 增加到 1995 年的 85% 以上(见图 1)。"水稻收获就用联合收割机"的说法已不再言过其实。

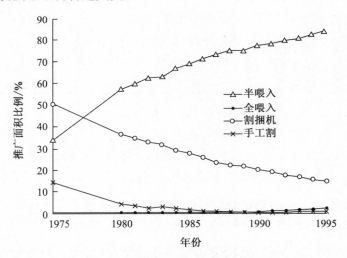

图 1　不同收获方式的比例

联合收割机有半喂入和全喂入型 2 种,由于各种新技术不断在联合收割机上应用,水稻收割的效率在不断地提高。

从 20 世纪 60 年代末日本开始应用半喂入联合收割机,到 1995 年,已普及应用约 120 万台,半喂入联合收割机成为水稻收获的主力机型。之后又以增大作业的速度、提高作业性能、提高安全性和舒适性为目标开发研究，水稻收获已实现高精度化。

日本半喂入联合收割机历年生产情况如图 2 所示，全喂入联合收割机历年生产情况如图 3 所示。

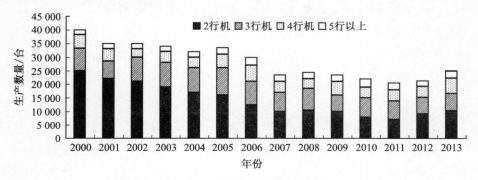

图 2　日本半喂入联合收割机历年生产情况

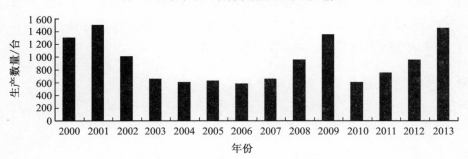

图 3　日本全喂入联合收割机历年生产情况

第 1 章

半喂入联合收割机新技术[1~4]

1.1 收割输送部

采用半喂入联合收割机收获的作物在扶禾、拨禾、切割和输送交接给夹持喂式链之前,都集中在收割部。作物经扶禾指扶直,由拨禾星轮拨向往复式切割器支承切割后,由穗端和茎端两条输送链集束后送至安装在脱粒清选部的喂式夹持链的交接口,即完成作物传统意义上(脱粒前)的输送作业。近年来收割输送部的技术进步有以下几方面。

1.1.1 适应往复、绕圈和中分双割

1. 收割部偏移机构

半喂入联合收割机的收割行数受到脱粒形式的限制,但由于脱粒机构的技术进步,市售半喂入联合收割机已达到 6 行,现在从适应丘陵山区的小田块到面积超过 1 hm² 的大田块作业的半喂入联合收割机系列产品已形成。

为了提高收割机的作业性能,开发了应用切割装置的偏移机构,该偏移机构用于收割田埂边作物和中分收割(即在田块中间挑选适合机械收割的地段进行收割)。如 2 行的半喂入联合收割机切割器安装在履带内侧(即履带比切割器宽),可避免收割田埂边的水稻时右履带跑上田埂,收割机履带将水稻压倒。另外,中分收割时由于切割器和履带的位置配置不当,也容易引起机器压倒水稻的问题,为此开发了可左右移动 150 cm 的切割机构,如图1.1 所示。这项技术多年前已在一些机器上应用,但没有推广。目前为了进一步提高收割机的作业性能,大多数小型半喂入联合收割机都装上了切割装置偏移机构。

(a) 向右移的状态 　　　　　　　　(b) 向左移的状态

图 1.1　收割台的偏移机构

2. 割幅增宽机构

2 行半喂入联合收割机由于具有收割台偏移机构,所以由田边开始收割或从中间开始收割都比较适应。但是,从降低成本和操作简易化角度看,用 3 行以上的联合收割机实现的称之为"与机器等宽收割"的方案也可由 2 行收割机来实现。其方法是将右侧分禾器向右侧扩出。配合扶禾机构和输送机构的改进,割幅从 600 mm 扩大到 905 mm 的新机型已开发成功,如图 1.2 所示。

图 1.2　割幅增宽机构(久保田)

3. 遥控分禾器

机器右侧分禾器左右方向可以调整的"可变式遥控分禾器"已开发成

功。其分禾器距离可以在驾驶座上遥控改变,如图1.3所示。

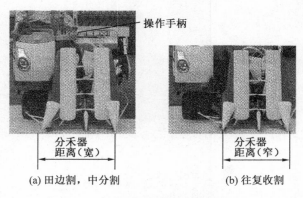

(a) 田边割,中分割　　　　　　(b) 往复收割

图1.3　遥控分禾器(洋马农机)

由于操作台手柄可以一杆遥控操作,已割一侧的分禾器可以左右调节,割幅可以从2行变为3行,田埂边的禾秆能流畅地割取,因此,地头收割方便,田块四角人工收割面积减少。可调节割幅机构的应用可适应不同的收割方法(往复收割、绕圈收割和中分收割),并适应操作者的高龄化。

1.1.2　割茬高度跟踪机构及收割台控制

1. 割茬高度跟踪机构

对收割机不熟悉的用户在操作时,易将收割台前部插入地面,为了消除该隐患,在收割台下设了滑橇,在干田中收割台下降接地后,即使不操纵手杆,支承弹簧也可减轻收割台的重量,而且由于滑橇分散压力,收割台整体上下摇动,这样可以防止插入地面突起。该产品已经开发成功,如图1.4所示。

图1.4　滑橇(久保田)

2. 收割台控制

为了适应地面的起伏，自动测定地面高度以防分禾器插入泥土，在机器上安装了"超声波传感器"，其原理是将超声波发射到地面，根据地面的反射波可检测出切割器离地高度并实现割茬高度控制，但由于信号发射部和接收部黏上泥土后，超声波传感器受到信号干扰，其工作很不稳定。因此，开发了"接地式传感器"作为收割配合装置。其原理是传感器下部装有"滑橇"并与地面接触，在收割机作业时由于地面对滑橇的反作用力，使滑橇上抬，其上抬量由传感器测定并控制在一定范围内，从而实现割茬高度恒定并防止分禾器尖插入地面。

收割部增设跟踪地面起伏的"收割控制装置"如图 1.5，1.6 和 1.7 所示，即使操作熟练程度低的操作者也不会对此感到有压力。这样的设计应用在大型联合收割机上也可称为"轻松控制"。上述"轻松控制"由于收割部有 2 处设有收割高度传感器，分禾器和地面的距离能自动检测，割茬高度随之自动调整，因此，高速作业时不必担心机器零件插入地面，从而轻松进行收割作业。

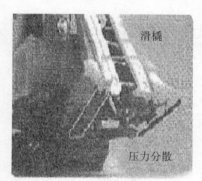

图 1.5　滑橇分散压力

图 1.6　接地式割茬高度传感器

图 1.7　收割控制装置(久保田)

新开发的传感器很小巧,可以装在分禾器的头部,可防止因传感器过大影响作物流而发生故障,如图 1.8 所示。

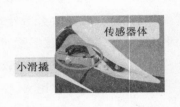

图 1.8　传感器装在分禾器的头部

为了防止传感器在接地状态下,收割机转向时因滑橇触土而影响转向或传感器受损,传感器做了双轴支承设计(见图 1.9)。在收割机转向时它可左右滚动,在倒车时可前后滚动,从而防止了传感器损坏。如果在传感器接触地面时转向,滑橇将产生阻力并受损。分禾器下装传感器可测定滑橇因地面反力引起的上升量,如图 1.10 所示。

图 1.9　双轴传感器(久保田)

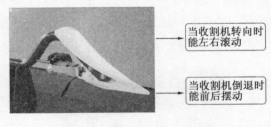

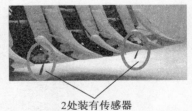

图 1.10　分禾器下装传感器(久保田)

1.1.3 扶禾机构

1. 快速扶禾机构

井关公司设置了扶禾系统的皮带变速机构,用单手柄操作即可快速扶起倒伏的作物,如图 1.11 所示。

(a) 扶禾同步转换手柄   (b) 扶禾同步传送带

图 1.11 扶禾同步传送机构

2. 扶禾箱开闭机构

如图 1.12 所示,以收割台扶禾箱的上部作支承进行开闭的结构。在收

图 1.12 扶禾箱开闭机构(久保田)

割台输送部分的茎秆堵塞时便于清除,可以快速恢复收割机作业状态,不耽误收割时间。

1.1.4　确保输送有序无故障

1. 新型输送链条调和器

三菱公司开发的收割机由于应用了由小型 HST 驱动的收割部和脱粒输送链条的新型双调和器,使得其无论是在高速作业还是在超低速作业时,输送给脱粒滚筒的茎秆厚度是一致的。另外,它还能防止脱粒滚筒喂入口处的茎秆出现混乱。

三菱公司开发的"双协调系统"可使收割机喂入链的速度随作业速度的变化而改变。在实现稳定脱粒的同时,它还装备了在作物倒伏的情况下采用一杆操纵使整个收割部的速度增大的系统,如图 1.13 所示。因此,在作物部分倒伏的情况下,用户也能方便地设定喂入链的速度,以预防因前面输送部件堵塞而引起的故障。另外,即使出现堵塞的情况,喂入链轨道台可以打开,方便排除故障。

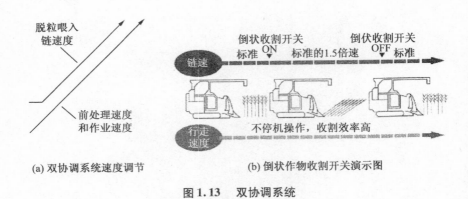

(a) 双协调系统速度调节　　　　(b) 倒状作物收割开关演示图

图 1.13　双协调系统

2. 禾秆交接支承装置

为了在作物倒伏的情况下,收割机的作业速度和脱粒质量都不至于下降,久保田公司加装了从收割部向脱粒部交接的链条(供给支承链条),由于作物向脱谷部输送稳定,因此脱粒滚筒的负荷和脱粒质量可得到保证,如图1.14 所示。

图 1.14　禾秆交接支承装置

3．喂入链安全机构

联合收割机在作业时，由于高龄操作者和妇女的衣服在停机喂入时易被链条咬住产生危险，现已开发出防止发生此类事故的机构。该机构分为与收割离合器联动的形式和与喂入导向器联动的形式 2 种。在收割机停机作业时，脱粒喂入链顶端部位伸出盖板状平板，使操作者的身体和喂入链隔开，从而防止事故的发生，如图 1.15 所示。

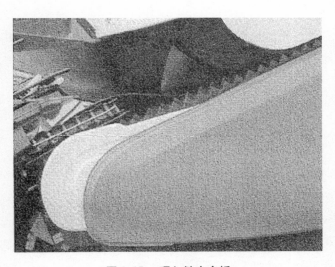

图 1.15　喂入链安全板

1.1.5　收割输送部整体开启

久保田公司设计了收割输送部开启装置,即使在田间也可以打开收割部,方便更换皮带和维护保养,如图 1.16 所示。

图 1.16　收割部开启装置

1.2　脱粒清选部

脱粒清选部包括脱粒机构及其禾秆的夹持输送机构、清选机构、复脱机构及谷粒的收集、输送和粮箱、排粮等工作机构,具有从禾秆的谷粒脱粒、分离、清选后送至粮箱并适时将其排放的功能,且保证其工作性能符合有关标准要求。近年来,脱粒清选部有如下技术进步。

1.2.1　籽粒处理

为降低谷物搬运的劳动强度,逐步采用粮箱式结构,连功率为 7.35 kW 的 2 行机也采用了粮箱式结构,在这方面近年来有许多改进。

1. 可伸缩卸粮搅龙

它装置了可通过一个开关自动伸缩并可移向目标的出谷搅龙,不但其伸长长度可比原有搅龙长 1 m,而且向贮粮车中排出稻谷时的位置和高度都可以调整,提高了收割机的适应性,如图 1.17 所示。

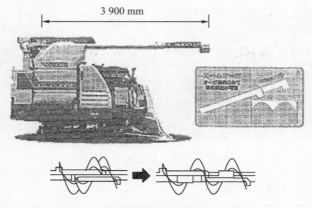

图 1.17　可伸缩卸粮搅龙（井关农机）

2. 遥控卸粮

为了缩短粮箱的卸粮时间，收割机采用了高效率的连续输送机构，粮箱中 1 950 L 稻子可以在 90 s 内卸完（洋马农机）。另外，即使在粮箱中稻子含水量高的情况下，也能顺利收集稻谷的螺旋输送机构和卸粮搅龙相对位置容易调整的螺旋伸缩机构及其无线遥控操纵的卸粮搅龙遥控器（见图 1.18）都已开发成功。

图 1.18　卸粮搅龙遥控器（井关公司）

3. 排粮口低的卸粮搅龙

它将卸粮搅龙头部位置设计得更低，使谷物袋装更容易，如图 1.19 所示。

图 1.19　头部高度低的卸粮搅龙（井关农机）

4. 简化卸粮搅龙和粮箱

对高龄使用者而言，如何使劳动强度减轻也是个大问题。小型联合收割机用粮袋接粮的比例较高，对于高龄者和妇女使用者来说，稻袋的搬运是个大负担。采用简化卸粮的方式使在纵向卸粮搅龙倾斜的情况下将稻谷从粮箱中排出。这样可不使用粮袋，而使用比较廉价的接粮箱，减轻粮袋处理的劳动，如图 1.20 所示。

图 1.20　简化卸粮方式（井关农机）

5. 卸粮搅龙排粮口摇动机构

卸粮搅龙谷粒排出口的摇动机构现已开发了，如图 1.21 所示。摇动机构不是整个卸粮搅龙摇动，而仅仅是出粮口摇动。因此，粮箱中的稻谷排出后比较均匀。该机构在接收卸粮过程中可以防止稻谷洒到外面去。此外对于稻谷的处理,各厂家还开发了设置振动板使湿稻容易排出以提高卸粮速度,卸粮搅龙可以伸缩,用气流卸粮减少谷粒损伤,卸粮操纵遥控化等的技术。

图 1.21　排粮口摇动卸粮(井关农机)

6. 粮箱底板摇动机构

让粮箱底板摇动是为了防止湿度大的粮食架空,以使螺旋搅龙排粮顺畅,缩短卸粮时间,如图 1.22 所示。

7. 粮箱谷物高速排出技术

日本的半喂入联合收割机在卸粮时机器均停止作业,因此,在尽可能短的时间内卸完谷物就能提高作业效率。为此,通过采取增大卸粮搅龙直径和增大卸粮搅龙转速及改进卸粮搅龙直角相交部壳体形状等措施提高卸粮速度,如图 1.23 所示。

图 1.22　粮箱底板摇动机构
(洋马农机)

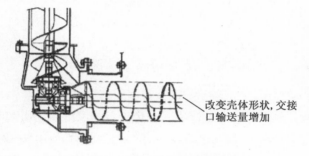

改变壳体形状,交接口输送量增加

图 1.23　新开发的搅龙接口部

1.2.2   提高清选精度,减小功耗

1. 脱粒电子控制装置(ECU)

历来脱粒清选室只有振动筛和风扇 2 个机构可以调整,利用筛子将短茎秆和谷粒分开,然后用风扇气流将谷粒和碎茎叶分开。将这些颖糠筛、风扇的工作参数边读出边控制的方法称作"脱粒控制"。

首先从脱粒滚筒脱下来的稻谷作用于筛选传感器,然后把这个信号送到 ECU,同时从设置在变速箱的车速传感器也把信号送到 ECU。将这 2 组信号进行运算,求出颖糠筛开度、风扇风量,把信号分别送到相应的电机中,如图 1.24 所示。大量的稻谷进入脱离室,通过电机增大风扇的风量,将颖糠筛的开度增大,这样便可根据检测进入脱粒室内部的谷粒量,将机器控制为最佳状态,既可降低损失,又能提高清选精度。

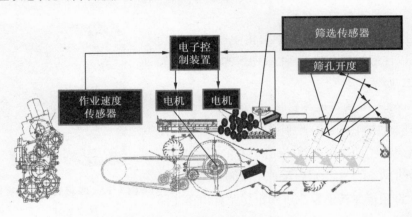

图 1.24   分离清选机构电子控制

2. 防黏附清选筛

作物收获受到适收期的限制,假如每天的收获时间可以增加,每台机器的收获面积就可增加。因此,用相同台数的联合收割机在适收期内增加收获时间,收获的面积就增多,单位面积的机器折旧费就可下降(控制),而且燃油费可得到控制,收获成本可以降低。为了避免因晨露浸湿水稻引起收获损失的增大,一般情况下,用联合收割机收获水稻的时间建议在上午 10 时到下午 4 时之间进行,这样一天收割机的作业时间只限制在 6 h。其原因在于当收获潮湿

作物时,谷粒会黏附在振动筛上,致使脱粒、清选损失增加和收获作业动力增大,甚至产生堵塞。假如在上述时间段前后各增加 1 h,作业时间可增加到 8 h。

　　为防止谷粒黏附在振动清选装置上,该装置进行了氟化树脂处理(见图1.25)。在谷粒等含水量高的上午 9 时和下午 5 时的脱粒清选损失,现有机型均按 2% 控制,存在超过国家规定的检查标准(小于 2%)的危险。图 1.26 为振动筛用氟化树脂不沾水处理前后清选物附着情况对比,经不沾水处理的振动筛清选损失小于 2% 。

图 1.25　经氟化树脂处理的清选筛

(a) 未经不沾水处理　　　　　　　　　(b) 经不沾水处理

图 1.26　振动筛上清选物的附着情况

试验结果表明:① 收割机的作业时间可延长 2 h; ② 各时间段的脱粒功率都有所下降;③ 通过控制排尘板开度,可防止脱粒时因碎茎蒿产生堵塞。延长作业时间与氟化树脂涂装措施的综合作用,可使联合收割机的燃油消耗下降 10% 左右,如图 1.27 所示。

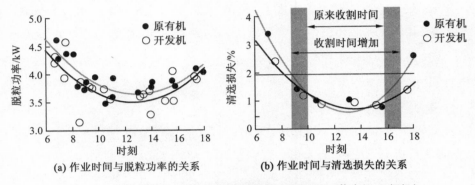

(a) 作业时间与脱粒功率的关系   (b) 作业时间与清选损失的关系

图 1.27   作业时间与脱粒功率和清选损失的关系(三菱农机,2 行机)

1.2.3   确保籽粒损失最小,提高脱净率

1. 喂入夹持板上抬机构

半喂入联合收割机从田埂进入地块并且边运行边收割时,以及在第一行程收割田边四角时,为不使切割器插入田埂,采用边抬起切割器边收割的方法,割茬变高。由于割茬过高时(茎秆短)脱粒不干净,因此,在机器入田之前要在入口和 4 个边角处用手工割出一定面积。为了取消手工收割,并把

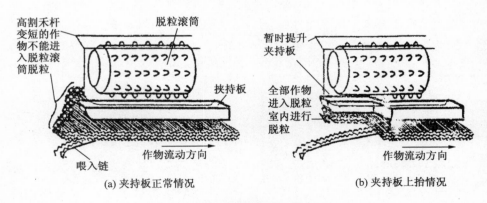

(a) 夹持板正常情况   (b) 夹持板上抬情况

图 1.28   高割茬时夹持板

因割茬高而引起的脱不净损失降到最低,开发了一种脱粒(输送)机构。该机构在输送高割茬(短茎秆)水稻时,喂入链夹持杆能上抬,把高割茬水稻全部送入脱粒滚筒脱粒。在正常割茬高度时,把喂入链的夹持杆回到原来的状态,恢复正常作业,如图 1.28 所示。

2. 双速脱粒滚筒

最引人注目的改进设计,是脱粒滚筒的前半部和后半部采用不同的圆周速度即同一轴上有 2 个滚筒连接在一起,后面的滚筒有增速的构造。这种机构和以前的脱粒滚筒相比,其滚筒、轴和传动机构都比较复杂,但脱粒室的处理性能提高了,亦即脱粒室后半部的谷粒少,后面滚筒增速使谷粒破碎率小,相反,对断穗和小枝梗上附着的谷粒的脱粒性能提高了。这种机构目前在 3 行机上已应用,将来也会在大型机上应用。

三菱公司开发了分割前后 2 段,后段可增速的双速脱粒滚筒。它的应用降低了破碎率,同时也有利茎秆屑的处理,如图 1.29 所示。

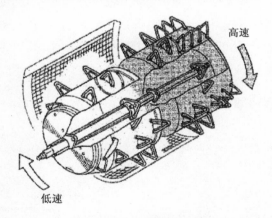

图 1.29　双速脱粒滚筒

3. 双脱粒器

双脱粒器包含分离茎秆屑和稻谷的排尘处理器及专门处理枝梗和茎秆屑多的二次清选物的二次处理器。该设备的使用进一步提高了清选精度,如图 1.30 所示。

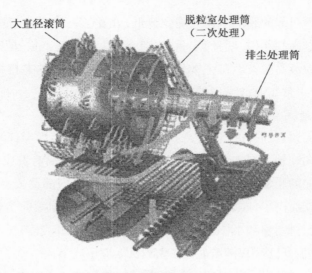

图 1.30   双脱粒器（井关农机）

4. 脱粒滚筒和排茎链盖电动开闭机构

在一旦出现脱粒部件堵塞或需要保养时，可使用电控液压油缸，替代历来由操作工手工开闭的操作。只需按下按钮即可将滚筒和排茎链盖开闭，操作轻便，如图 1.31 所示。

图 1.31   滚筒、排茎链盖电动开闭机构（三菱农机）

5. 新型双转速脱粒滚筒

新的脱粒滚筒为后部增速的长滚筒，即将脱粒滚筒分割成 2 段，增大后面一段滚筒的转速，这样可减少高速收割时作物脱不净和夹在茎秆中排出机外的损失（即夹带损失），如图 1.32 所示。

图 1.32　新型双转速脱粒滚筒(久保田)

1.2.4　脱粒能力增强技术

为了实现作业速度与作物流量能适应处理能力,即能够确保籽粒损失和清选质量的脱粒机构有必要进行开发。久保田公司由于同时加长了脱粒滚筒和增大了清选筛面积,并在主风扇的前、后各增加了 1 个副风扇,因此机构的脱粒能力和清选质量都得到了保证,如图 1.33 和 1.34 所示。洋马公司也由于采取了加长脱粒滚筒,增加清选风扇(至 3 个)、增设返回式输送器和二次处理转鼓(高效转子)等措施,收割机的处理能力也提高了,如图 1.35 所示。

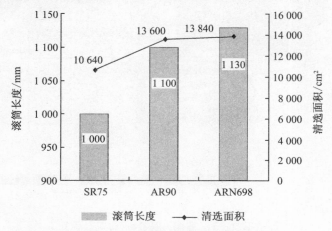

图 1.33　6 行机滚筒长度和清选面积的变化

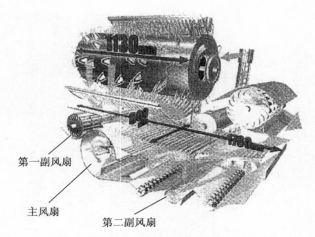

第一副风扇

主风扇

第二副风扇

图 1.34　高效脱粒装置(久保田)

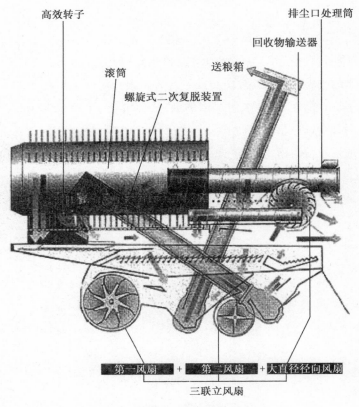

高效转子

排尘口处理筒

回收物输送器

滚筒

送粮箱

螺旋式二次复脱装置

第一风扇 ＋ 第二风扇 ＋ 大直径径向风扇

三联立风扇

图 1.35　高能力脱谷机(洋马公司)

1.2.5　提高作业效率,确保清选性能稳定

1. 脱粒滚筒表面积与作业能力和配套功率

半喂入联合收割机的主要技术动向之一,是理清脱粒部的尺寸与脱粒能力和发动机配套功率的关系。用滚筒的表面积概略表示脱粒部的尺寸,1986 年、1996 年和 2006 年每隔 10 年以不同层次作了图表,并用回归直线表示,如图 1.36 和 1.37 所示。2006 年回归直线的斜率与 1986 年的相比明显变大了,在脱粒滚筒表面积相同的情况下,作业效率大幅度提高了(特别是大型机,即使加上过去的双滚筒在内,20 年来,脱粒效率已增加了 80% 以上)。脱粒能力的提高有利于缩小脱粒机械的尺寸,而脱粒部件小型化可降低收割部的输送高度,这意味着行走机构也可以小型化,联合收割机的整体重量可减小,为机器小型化做出了贡献。

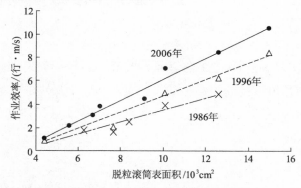

图 1.36　脱粒滚筒表面积和作业能力的变化(井关农机)

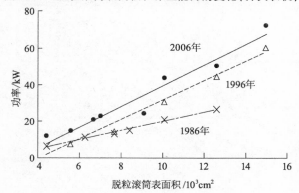

图 1.37　脱粒滚筒表面积与配套功率的变化(井关农机)

2. 排秸阀开度控制机构

为了使小型联合收割机
节约能源,设置了排秸阀开度
控制机构,如图1.38所示。这
样脱粒机构减少了功耗,加上
与机器等宽收割,可提高效率
和降低成本。收获作业时,历
来都先将排秸阀调好并加以
固定,但在田间收割倒伏作物
时,因杂草很多,增大了脱粒
功耗并使发动机转速下降。

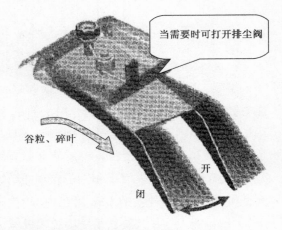

图1.38　排秸阀开度控制机构(三菱农机)

在这样的情况下,在排秸阀上作用一定的力将其打开使碎屑排出,这样不但
可以减少无效功耗,而且可提高作业效率。

3. 最大空气浓度 MAC 控制系统

通过测量落到振动板上的谷粒量的变化,传感器可快捷地测出脱粒室
风力的变化。采用可自动控制振动筛角度的 MAC(最大空气浓度)空气系
统,可以及早正确判断清选情况,在各种情况下都能确保清选性能的稳定,
如图1.39所示。

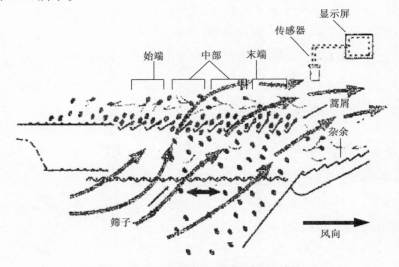

图1.39　最大空气浓度 MAC 控制系统

4. 提高凹板使用耐久性

长时间作业无故障和延长更新周期,对大规模种植农户来说相当于提高了经营效率。延长定期更换零件的时间也有利于提高经营效益。因此,大型机上都采用了有利于提高耐久性的各项技术:久保田公司采用超硬的钢琴丝做凹板筛,提高耐磨性和对潮湿作物的适应性,如图 1.40 所示。井关公司使用不锈钢做扶禾器面罩、滚筒凹板和抖动板,提高耐磨性。

图 1.40　钢琴丝凹板(久保田)

1.3　底盘行走部

底盘行走部主要包括行走变速箱及附属装置、行走装置、机架及调控装置等,是联合收割机动力及所有工作部件、传动部件的载体,可满足联合收割机作业时的不同速度要求。该部件具有改变运行方向、停车制动等各种功能,具有良好的机动性和稳定性,近年来该部件有如下新技术。

1.3.1　1996 年收割机行走系统新技术

1996 年收割机底盘行走系统的履带的宽度、长度和机器离地距离都增大了,对湿田的适应性大大增强。作为最近的机器特征,当推举转弯方式的多样化和随动轮的采用。关于转向方式方面,仍以一侧履带制动而另一侧履带运动的转向为主,但也有一部分机型上应用了双液压马达的 HST 机构,左右履带能反向回转,可实现快速原地转向。为了减轻履带式联合收割机在过田埂和装上搬运车时机器前后倾角引起大幅度变化而引起的振动,行走系统装上了随动轮(浮动支重轮),如图 1.41 所示。接地履带中部的支重轮可上下运动,履带过越田埂或通过凸起的路面时,此段履带可凹进去以适应地面状况。

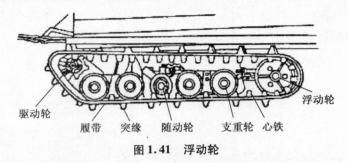

驱动轮　　履带　突缘　随动轮　支重轮　心铁　浮动轮

图 1.41　浮动轮

1.3.2　组合式履带驱动链轮

履带驱动链轮可以做成两半,不拆卸履带也可以拆卸链轮,进行链轮定期交换,使用很方便。

1.3.3　恒定驱动系统(FDS)

各公司以提高田间通过性和操纵性能为目标,进行了新型变速箱的开发。洋马公司开发了由圆盘式手柄操纵的高性能转向机构和左右履带常接合的强制差速器式变速箱形式的"恒定驱动系统"(FDS)。该系统的应用使得收割机在田间转向非常平滑,操纵起来感觉如操纵汽车一样(见图 1.42)。

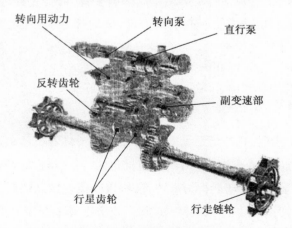

转向用动力　　转向泵　　直行泵

反转齿轮　　　　　　副变速部

行星齿轮　　　行走链轮

图 1.42　方向盘转向用恒定驱动系统(FDS)(洋马农机)

1.3.4　四液压缸水平调节系统

　　四液压缸式新型快捷调节系统,高度可进行前后左右调节(见图1.43)。采用该系统的收割机行走姿态稳定,能保持水平状态,实现前进、后退时都保持平衡,如图 1.44 所示。

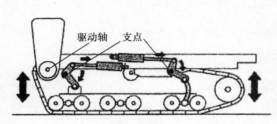

(a) 将右侧上长虹保持水平(左右倾斜修正)

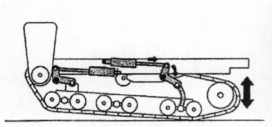

(b) 将后部上升保持水平前后倾斜修正:湿田收割作业

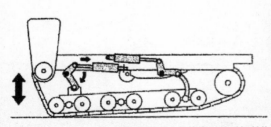

(c) 将前部上升保持水平前后倾斜修正:后退时

图 1.43　四液压缸魔幻式倾斜修正(久保田,2002)

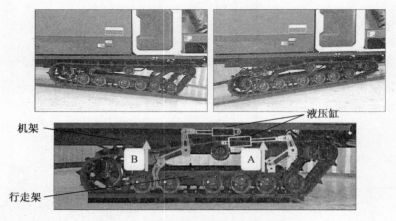

图 1.44　四液压缸机体平衡(久保田)

联合收割机在湿田作业,当前面收割部陷入泥中无法倒退,可操纵液压油缸使收割台升起,机器则可顺利后退到安全区;当后部下陷时,可使收割部上抬,若不能到达切割位置,此时可操纵液压油缸使机器后部升起至切割器达到适合位置,如图 1.45 所示。

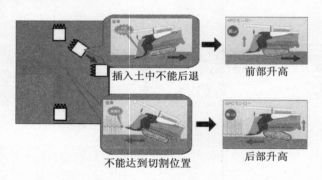

图 1.45　联合收割机作业时的平衡调整

1.4　操纵控制部

操纵控制部包括各工作部件、传动部件、行走部件的操纵和控制(包括自动控制),要求各项操纵控制简单易行,及时准确,使联合收割机各部在各自的最佳状态工作,保证整机工作的质量和效率。

1.4.1 侧置操纵手柄

如图 1.46 所示,手柄位置采用侧置(偏置)的形式,前方视线好,从而确保操作员安心作业。另外,因手柄上装了收割台升降按钮,消除了频繁操作手柄的烦恼。

图 1.46 侧置手柄(洋马公司)

1.4.2 轻松收割按钮

为了实现作业和操作简易化,控制部增设了汇集离合器操作按钮的"轻松收割"按钮和"操作板"的双控制器,在原理和构造上考虑了万能设计。"轻松收割"按钮(见图 1.47)设置了发动机转速自动调整、脱粒部离合器、收割部离合器和喂入深浅调整等操作按钮于一体,其作用是减少了作业前的手柄操作,按钮操作减少了操作失误的发生概率。由于按顺序操作,所以也减少了故障的产生。上述的"双控制器"(见图 1.48)设置在行走系统操作开关仪表板的右侧,该结构的设置提升了机器的操纵性能。

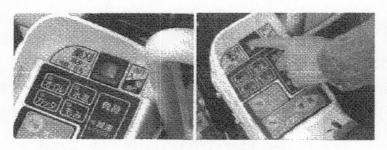

图 1.47　"轻松收割"按钮(久保田)

图 1.48　双控制器(井关农机)

1.4.3　自动副变速机构

变速杆上配置了开关(见图 1.49),可在不停车的情况下用一根操纵杆改变前进速度,这是一种非离合器式变速机构。

1.4.4　导杆遥控操作机构

在驾驶室用操纵杆轻松地操纵导向杆的收起和张开是使机构操作简便的技术之一。大型机采用电动方式,小型机则用手动,由于其价格低,各厂家已将其商品化(见图 1.50)。

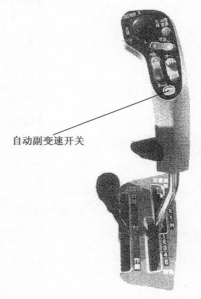

自动副变速开关

图 1.49　自动副变速开关(洋马农机)

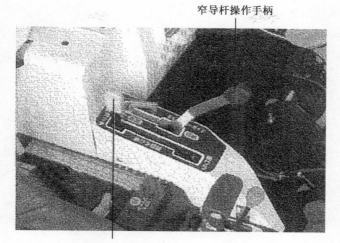

窄导杆操作手柄

切碎、排茎转换手柄

图 1.50　窄导杆遥控操作(三菱农机)

1.4.5　可变离合器控制传动装置(VCCT)

在 VCCT 的手柄上设置了按钮,右手摆动手柄的同时可用拇指按 F 按钮操作,VCCT 传动系统的使用提高了装置的操作性能和转向性能,如图 1.51 所示。

1.4.6　电控可变式离合器转向(EVCCT)系统

原来的 VCCT 装置由操作手将转向手柄左右扳倒来实现左右转向功能,其原理是手柄使与之联结的钢丝绳操作机械式卸载阀,使液压油推动离合器油缸动作,压紧制动片来实现转向。由于该装置直接操作机械式液压卸载阀,因此,它存在以下问题:① 操作负荷大;② 不能微调操作和随意操作,致使操作次数增加等。为此,开发了 EVCCT(Electric Variable Clutch Control Turn)系统,如图 1.52 所示。

图 1.52 中显示了用电子控制离合器片的 EVCCT 系统的结构。EVCCT 系统是采用电的方式控制摩擦片式的离合器。

该装置可进行单手柄操作,这个操作功能由容量传感器读出后以电气信号送到 ECU 控制中,这个过程称为"双线化"。该控制系统由 ECU 演算的信号来驱动比例减压控制阀,该控制阀用来控制作用于多片式离合器上的油压。这样可实现单手柄操作负荷,改变容量传感器的负荷,例如,单手柄操作使负荷由 65 N 减小至 16 N。

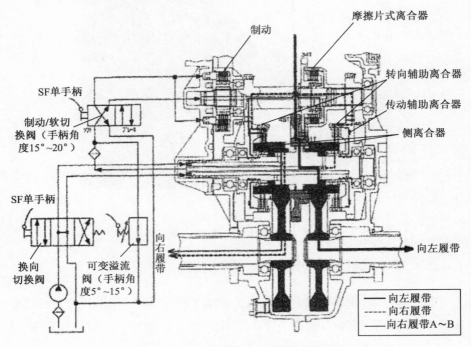

图 1.51　开关操作的 VCCT 传动(久保田 ,2002)

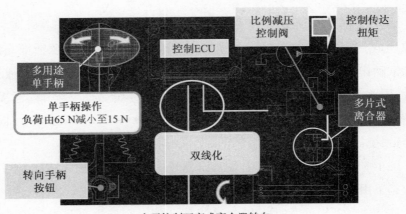

电子控制可变式离合器转向

图 1.52　电子控制可变式离合器转向(EVCCT) 系统的结构(久保田 ,2011)

1.5　动力及其他

该部分包括配套动力及工作部件技术保养和其他方面的技术改进,以及信息化联合收割机和高效能联合收割机开发等。

1.5.1　增大配套发动机的功率

收割机使用的动力还是柴油机,而其配套发动机的功率却逐渐增大。20 世纪 60 年代 4 行机的功率为 14.7 kW,而现在 2 行机的功率就配 4.14 ~ 9.55 kW,3 行机的功率配 11.76 ~ 24.26 kW,4 行机的功率配 19.11 ~ 36.76 kW,5 行机的功率配 31.62 ~ 55.15 kW,6 行机的功率配 53.68 ~ 62.50 kW,发动机向大功率发展的趋势十分明显。由于功率增大,收割机的最大作业速度已超过 1 m/s。

对大型的半喂入联合收割机而言,发动机功率增大的倾向十分明显。目前,号称每行配置 11 kW(66.2 kW 的 6 行机)已研制成功。20 年来相对脱粒部件的尺寸变化,发动机功率有了明显的增加。尽管脱粒部在基本构造方面没有多大的改进,但由于长年改良的积累,脱粒部实现了小型化。它和发动机的大功率化一同实现了联合收割机整体小型高效化。

1.5.2　共用蓄压室发动机

由供给泵将高压燃料注在蓄压室里,燃料由超高压喷射系统分配到喷油嘴喷射。另外,由电子控制以 1 000 Hz 的频率将燃油按规定适时、适量、雾化良好地从各喷嘴喷出,既保证了高出力,也控制了未完全燃烧烟雾微粒的产生,实现了降低成本、降低噪音的目的,如图 1.53 所示。

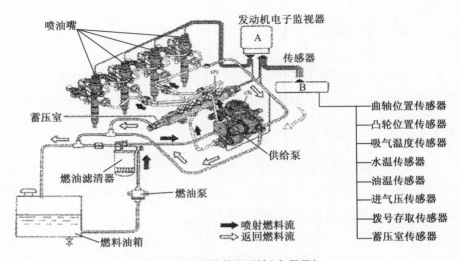

图 1.53   公共蓄压系统(久保田)

1.5.3   轻小型半喂入机开发

各公司都加强了用于丘陵和小田块作业的轻小型半喂机的销售,价格在百万日元左右,并以实现由半喂入联合收割机替代割捆机为目标(见图1.54)。在陡坡和进入田间作业时,对于小型半喂入联合收割机,操作员可在机器后面操作或者从联合收割机下来,可用操纵杆来操作,操作性、安全性都可保证(见图1.55)。

图 1.54   轻小型半喂入联合收割机(久保田)

图 1.55 用操纵杆陡坡转移操作(久保田)

1.5.4 后置监控器

在周边视线不好的情况下,可在机器后面安装监控器(包括照相机),如图 1.56 所示,操作员在驾驶内即可了解机器后面的情况,田间四角和地头转向及后退时,可以清楚地操纵机器。

1.5.5 驾驶室门滑动开闭机构

历来驾驶室门都是通过铰链来回转动控制其开闭,为此人们开发了滑动门,如图 1.57 所示。其目的是可以在有限的空间里进出驾驶室,有效利用仓库的储藏空间。

图 1.56 后置监控器(久保田)

图 1.57 驾驶室滑动门(三菱农机)

1.5.6 提高夜间作业性能

对于广大需代割的农户而言,在小麦成熟期恰逢天气不好时,必然要求在短时间内集中收割,因此需要进行夜间作业。为了预防夜间作业时因操作失误而引起的故障,应配置好作业灯。为此 6 行联合收割机配置了 4 只大型广角反射型前大灯,3 只卸粮作业灯,4 只驾驶室作业灯,共 11 只灯,使得收割机夜间作业时犹如白天一样(见图 1.58)。

图 1.58   6 行联合收割机的外观和 11 只作业灯(久保田)

1.5.7 提高维护保养方便性

对联合收割机而言,缩短作业中和作业后机器的维护保养时间,有利于提高机器的作业效率。就作业中的维护而言,定时清扫发动机水箱散热器防护网,是确保发动机功率有效发挥和防止发动机过热的重要手段。因此,近年来各公司竞相开发有关的自动化装置。

1. 负压驱动栅

洋马农机开发了利用吸引风扇所产生的负压驱动的转动栅。

2. 逆流风扇

可使发动机风扇叶片倾斜度周期变化产生反向风的机构,使产生的反向风能吹掉散热器片和防尘网上的碎茎叶、草屑,如图 1.59 所示。

3. 大容量旋风分离器

由于联合收割机作业时灰尘很大,和散热器防尘网的清扫一样,空气滤清器的清扫也很重要。对大型机而言,大容量旋风式转轮空气滤清器的应用,使空气滤清器零件的清理周期大幅度延长。

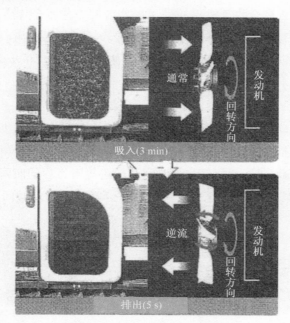

图 1.59 逆流风扇(久保田)

4. 可开式收割部和贮粮箱

为了作业终了的保养和作业中迅速排除传动皮带产生的故障,将收割部整体打开的技术扩展到 6 行联合收割机上,如图 1.60 所示,贮粮箱也可整体打开。

图 1.60 收割部整体打开(井关农机)

5. 可转动打开驾驶室

大型半喂入联合收割机正在采用一些能够方便维护保养的新结构,如可转动驾驶室,能方便发动机周围零件的保养,进行日常拆查、维修也容易,能预防故障的产生,减少停机修理时间,即使发生故障也可以及早修复。

1.5.8　缩短转向和卸粮等辅助作业时间

为了提高联合收割机的作业效率,如前所述增大作业速度等是必需的,但对于长时间操作的用户而言,随着机器作业速度的增大,操作时用户疲劳感也增加。因此,缩短停机卸粮的时间和转弯等空行程的时间,对于提高作业效率也是重要的方面。这些时间约占联合收割机作业时间的 30% 以上,因此开展如何缩短辅助时间的研究很有意义。

1.6　性能与成本

1.6.1　1996 年半喂入联合收割机的作业性能

如图 1.61 和 1.62 所示,随着作业速度的增大,谷粒损失率和谷粒口流量都有所增加(但各机型谷粒损失率都可控制在 3% 以下),各种机型的作业效率都有所提高,3 行机的生产率已达到 $0.21\ hm^2/h$,4 行机已达到 $0.28\ hm^2/h$,5 行机已达到 $0.38\ hm^2/h$,6 行机已达到 $0.40\ hm^2/h$(1997 年资料)。

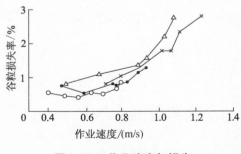

图 1.61　作业速度与损失

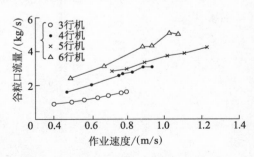

图 1.62　作业速度与谷粒口流量

1.6.2　6 行半喂入联合收割机的作业性能

由于收割机采用更大的配套动力并实现高速化,它适应了大多数委托作业农户和农业公司的需求。图 1.63 为久保田公司销售的收割机功率的变化情况,6 行机从开始市售至今 10 年间,其配套发动机功率和作业速度都增加了 30%,在零售价上涨受到抑制的情况下,性价比则提高了 16%,因此,这有助于受托农户经营面积的扩大和经营效率的提高(2005 年资料)。

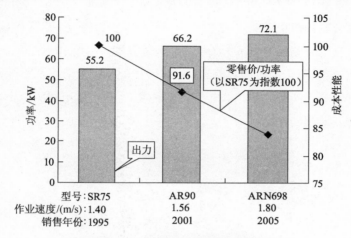

图 1.63　6 行机配套发动机功率的变化

纵观各公司的生产品种,35 kW 以上机型的发动机功率都有增大的倾向。特别是最大型的 6 行机,各制造商不约而同地将发动机功率比 6 行机刚问世时的增大了 30% ~ 40%,如图 1.64 所示,收割速度提高了 20% ~ 30%。另外,久保田公司首次推出了发动机配备功率超过 80 kW 的联合收割机(2009 年资料)。

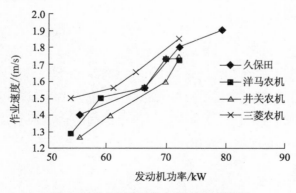

图 1.64　6 行机功率与作业速度联系

1.7　几种新机型

1.7.1　带有收获量测定装置的联合收割机

在联合收割机上装备了籽粒水分测定、收获量测定、控制和显示装置，作业中收获的谷物的水分、质量可进行实时显示。一次作业结束以后，整个田块的收获量、每个地段的收获量、平均水分及其变化情况都可显示并记录下来，如图 1.65 所示。不论收获谷物的种类（水稻、小麦、大麦）都可以测定并获得收获数据。

图 1.65　带收获量测定装置的半喂入联合收割机（洋马农机）

1.7.2　信息化联合收割机开发

从新兴起的出租业看，作为出租设备，配备有收获量测定装置和水分测定装置的信息化联合收割机（见图 1.65）的商品化问题已提上日程。有了这种信息化联合收割机，收割机粮箱内的稻谷质量和含水量即可检出，可及时掌握该田块的作业信息。作业中稻谷排出的同时也显示了其特征参数，有利于安排下一步的稻谷干燥作业。

1.7.3　高效联合收割机开发

7 行联合收割机的作业速度不高，但作业效率高，收 7 行已达到极限（见

图 1.66）。收割机作业速度不高有利于减轻操作者的疲劳。

图 1.66　高效率的 7 行联合收割机开发(洋马农机)

1.8　研究开发动向

1.8.1　1997 年提出提高联合收割机的性能

无论是半喂入还是全喂入通用型联合收割机,都有必要进一步提高性能,所需解决的问题分列如下:

① 简化联合收割机整机构造,以提高耐久性和降低成本。

② 为了扩大每年的作业面积,半喂入联合收割机作业应实现高速化,粮箱卸粮时间应缩短;由于通用化的推进,通用型联合收割机可收获作物的种类增加,有必要进一步减小脱粒功率。

③ 由联合收割机进行收获作业,要密切粮仓、卸粮、粮食搬运与粮食干燥设备之间的联系,确保与收获能力相称的搬运设备,并制订关于搬运效率与干燥设备能力匹配的作业计划。

④ 在开发适用于大田块使用的高速联合收割机的同时,还应开发适用丘陵山区小田块使用的小型廉价的联合收割机。

⑤ 就联合收割机本身而言,应进一步开发节能的脱粒机构和更适应于

倒伏作物收割的扶禾机构。

1.8.2　2002年提出增大配套发动机功率

① 调查水田土壤成分是以高效栽培管理为目标的精密农业研究的一个部分,可进行稻田内产量分布状态检测的联合收割机的研制正在大学和研究中心进行(见图1.67)。收获量检测联合收割机装备了测量收割机位置的GPS(使用卫星测位系统)和收获量计测传感器,检测结果由仪表显示,最后做成表示收获量分布的图像。

收获量监测仪　　　　由GPS输入位置信息（定位）

用光传感器和重量传感器
高精度计测稻谷量

图1.67　收获量测定联合收割机(农研机构)

② 为了实现少数人管理经营大农场,京都大学正在进行一人操作多台农业机械同时作业的机群管理系统的开发,其内容之一是对追走联合收割机的研究(见图1.68)。追走联合收割机与由人操作的先行联合收割机保持一定的间距,一边跟着运行一边由安装在机器上的超声波传感器测定相对距离,机器的速度、左右转向、割台升降和发动机的紧急停车等都由计算机控制。

③ 对于发动机,所有生产厂家都以增大动力和提高动力性能为目标,配置输出功率大的发动机,半喂入联合收割机在尽可能地增大脱粒清选室和粮仓面积的前提下,为使整机重量和外形尺寸适于4 t卡车装载,正在开发输出功率大而体积小的发动机。

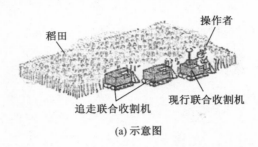

（a）示意图

（b）实物图

图 1.68 联合收割机群作业管理系统（京都大学）

④ 另外,环境保护的呼声很高,发动机也须不断地满足环保要求。从2003 年 10 月起,凡功率在 19 kW 以上的发动机,其废气排放符合有关规定要求。各公司正在开发高输出功率、小体积和低排放的发动机。

1.8.3 2005 年提出发动机废气排放应满足排放标准要求

1. 发动机废气排放符合有关要求

发动机废气排放的 2 次规划从 2004 年制定至今,各厂家都配套安装了能适应要求的发动机,但从 2008 年的第 3 次规划开始,该要求提高了。自主规定是 19 kW 以下的发动机,由于它占了联合收割机产量的大半,其后果对地球环境保护的适应性也进行了研究。

2. 适应向两极化发展的市场

联合收割机市场预测向两极化发展,因此,为适应使用者高龄化,研究者正研究如何使小型机更安全、更易于操作。对大型机而言,则着眼于如何提高机器效率、耐久性和经济效益,以及对操作者长时间作业而不感到疲劳的驾驶室和操作方法的改进。

1.8.4　2007 年提出零件材料应符合环保要求

1. 适应环境要求

为适应环保要求,现已废止应用制动器材料中的石棉,电镀材料由 3 价铬代替 6 价铬,电器部件中的铅夹头的替代品研究等都已有进展。对标明有树脂的零部件等,报废时进行分类摆放。今后,对材料是否容易分解,对紧固方法中拆卸是否方便,可否循环使用等应纳入设计时的考虑范围。

发动机排放规则是适应环境的大课题。2010 年的排放规则预计要求更高,应制定包括成本在内的对应政策。

作为防止地球变暖的对策,应使生物酒精实用化,其中,假如以谷物作为正规化生产的原料,则在收获阶段要对联合收割机提出新的技术要求。

2. 适应新的市场要求

2006 年对联合收割机的需求与前几年相比有较大的回落,为了在低迷的市场环境下唤起购买欲,新技术的开发非常重要。形形色色的新功能影响了性价比,不能满足市场的需求。今后,要进行投资可行性评价,开发真正有利于农业生产的技术。

1.8.5　2009 年提出节能和通用化设计

1. 适应环境问题

为了适应环境,包括发动机在内的各部件正在不断进行改进,准备采用补偿成本之后的产品。但为适应柴油机动力汽车排出有害气体的规定,包含成本补偿在内的问题是今后的课题。特别是 2011—2013 年关于燃烟微粒(PM)的规定对额定功率大于 58 kW(比现行规定下降 90%)的特殊机动车,2014—2015 年关于氮氧化物(NO_x)排放的规定要强制实施(比现行规定下降 90%)。这不仅仅针对发动机,而是针对整个吸排气系统进行研讨,包含所需的成本补偿,也是今后需研究的课题。

此外,作为防止地球变暖的对策之一,生物能源的研究提上了日程。从稻米中提取燃料用乙醇的产业正在兴起。另外,纤维素生物能源稻草和稻壳等,已作为提取生物酒精的原料。该动向在今后联合收割机开发中也将被重视。

2．适应节能化的要求

如联合收割机生产情况部分所述,近年燃油费的上涨对于农业生产有很大的影响。整个收获作业的节能化将作为研究课题。

3．通用设计理念

由于农业劳动者的高龄化,近年来收割机行业从"通用设计"的理念出发,正在设计轻便安全性好、操作简单的机器。

1.8.6　2010 年提出提高安全性,开发测定生物体信息的联合收割机

最近二三年来产品的技术动向,用关键词表述大致有 5 个方面:① 作业和操作的简易化;② 发动机废气排放符合排气规则;③ 作业效率进一步提高;④ 便于维护保养;⑤ 非粮食用谷物收获机开发等。首先,以 2 行机为例,它是一年内作业时间不多的小型联合收割机,是"作业和操作简易化"适应机型,对运转技术的熟练度要求不高,同时机械构造对使用者操作起来也没有压力,并且该类收割机具有价格低的特点。其次,包括全喂入通用型联合收割机在内,其配套动力在 56 kW 以上的大型机,应考虑发动机排气"适应排气规则",期待提供包含节能在内的具有"更高作业效率"和"维护性能上乘"的产品。为了提高食品自给率,今后要注重精密农机和"用于收获粮食以外谷物用"的产品开发。

研究开发动向如下:

① 生产研发中心的新动向是开展安全性的研究。机器安全鉴定每5 年进行一次,尤其是关于配套的安全装置,如出现脱粒滚筒转速骤升等紧急情况时,应具有切断离合器后实施制动的结构,类似有关联合收割机安全装置的网络培训系统也在半喂入联合收割机上首先实施。

② 利用网格式收获量测量数字信息等精密农业的研究正在进行。生物信息测定联合收割机(见图 1.69)就是其中一例。

③ 为了推进高品质稻米的生产,要求进行更高级收获技术的开发。在收获前若能掌握作物的生物体信息,即可进行高精度的施肥设计、联合收割机的参数设计和干燥设备的选择,从而获得高质量的稻米。为了实现这个目标,正在开发在收获时即时测定水稻生物体的质量(重量)和品质等生物

体信息的联合收割机。生物体测量是利用光学和机械式传感器进行的,这种联合收割机总体控制的可行性还在研究。稻米品质测定拟由联合收割机机载的反射式近红外分光仪来完成,它能在收获的同时测定糙米的蛋白质含量,此类研究也在进行中。

图 1. 69　　生物体信息测定联合收割机(生研中心)

第 2 章

全喂入（普通型/通用型）联合收割机新技术[1~4]

日本的水田不仅种植水稻,还种植小麦、大豆、薏米、荞麦等多种作物。它们都可以利用普通型联合收割机(通用型联合收割机)进行收割,收割成本低。

为适应因实施新农政田块面积大型化,规模扩大化,以及从事农业接班人的不足等情况,比以前的通用联合收割机大 2 倍处理能力的大型联合收割机,在 1993 年实施"农业机械等紧急开发事项"期间研制成功。以下对该类联合收割机的结构和性能略做介绍。

2.1 大型全喂入联合收割机的结构特点

2.1.1 割台

大型全喂入联合收割机割台有拨禾轮式和 R 式 2 种,拨禾轮式割台联合收割机如图 2.1 所示。

图 2.1 拨禾轮式割台联合收割机

　　与一般的联合收割机相同,大型全喂入联合收割机割幅为 3.5 m(行距 30 cm 的水稻可割 11 行)。此类割台还有割幅为 2.9 m 的(可收 9 行),高茬收割时可以用安装在机器上的二次切割装置割去残茬,如图 2.2 所示。

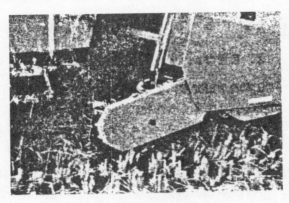

图 2.2　　二次切割装置

　　R 式割台(见图 2.3)为割幅为 3.25 m(可收 10 行水稻)的水稻专用割台。该类割台由与半喂入联合收割机相同的扶禾装置、两段输送装置及切割器构成。扶禾装置将作物扶起,在两段输送链夹持输送的同时,夹持链下面的一段作物由切割器沿着地面割下。割取的作物在输送途中被位于两段输送链间的切刀切断,作物的上段喂入脱粒室,下段落入田间。这种割台有 2.4 m 割幅的可供选用。另外,这种割台可在短时间内从收割机上拆下或装上,很容易更换。

图 2.3　　R 式割台

2.1.2 脱粒清选部分

脱粒部分采用了新开发的螺旋形脱粒机构,对各种作物都具有优良的脱粒性能。其损失率和破碎率都很低,特别是对于日本品种的水稻脱粒装置,是世界上通用型联合收割机中最好的,如图 2.4 所示。

图 2.4 螺旋形脱粒装置

与割幅为 2 m 的通用联合收割机一样,清选装置采用了风力和振动筛式清选机构,但为了增大清选物的流量,它增大了振动筛面的面积,从而其清选能力增强。

2.1.3 粮箱及卸粮装置

谷物的收集方式对机器的生产率有重要影响,可采用体积为 2 400 ~ 2 550 L 的大粮箱来存放谷物。其容量大约能装绕面积为 1 hm² 的田块收割一圈所收的谷物。谷物的排出能力也较高,只需 2 ~ 3 min 即可卸完一箱谷物。高效卸粮有利于提高收割机田间作业效率。

另外,在卸粮搅龙的端部装有操作手柄,以确定卸粮搅龙的位置。

2.1.4 行走机构

由于大型通用型联合收割机总重量超过 6 t,因此行走装置是影响机器是否平稳作业的主要因素。这种行走机构是履带式的,转向采用方向盘尚属首次。由于采用宽幅的湿田用橡胶履带,机器离地间隙增大,大型机接地压强和现有机型相同,湿田通过能力优越。行走机构使用了装有 2 套液压泵和液压马达的 HST 装置,能实现快速原地转弯,操作性和机动性强,对现有规模的田块和大田块都能适应。

2.1.5　发动机

试验用的通用型联合收割机装有 88.24 ～ 102.94 kW 的柴油机,是日本最大的通用型联合收割机。

2.1.6　其他

用于自动控制拨禾轮圆周速度与机器前进速度同步的调节装置、拨禾轮高度调节装置、割茬高度调节装置、割台相对机器本体的水平调节装置、螺旋搅龙自动控装置等都进行了配置。为了易于进行保养维护,粮箱和滚筒的侧板做成可整体打开的样式。

2.2　大型全喂入联合收割机的性能

大型全喂入联合收割机收获水稻的作业性能与原来的割幅为 2 m 的机型大致相同(见图 2.5),但其处理能力为割幅为 2 m 的机型的 2 倍。

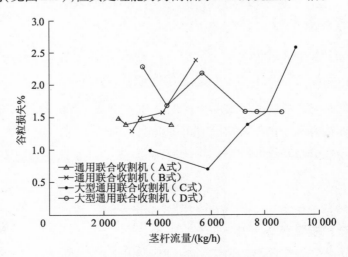

图 2.5　大型通用联合收割机的作业性能(1996 年)

2.3　全喂入通用型联合收割机的技术进步

2.3.1　传统横置轴流滚筒存在的问题

传统横置轴流滚筒(见图 2.6)存在的问题如下:

① 机器(增加喂入量)大型化时,增长横置脱粒滚筒有困难。

② 集谷的粮箱、发动机位于机器上方,重心高,稳定性差。

③ 为了支撑粮箱和发动机的重量需加固机体,机器重量增大。

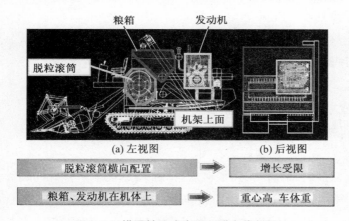

图 2.6　横置轴流式全喂入联合收割机

2.3.2　全喂入联合收割机的改进(久保田)

全喂入联合收割机的轴流滚筒采用了纵置式,如图 2.7 所示,其特点如下:

① 脱粒滚筒增长适于收获水稻,也适用于小麦、豆类和油菜脱粒,脱粒能力强、破碎少。

② 增大了粮箱,与发动机并列配置。

③ 整机重量轻,重心低。

④ 机器结构简单,耐用。

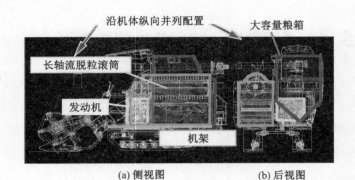

(a) 侧视图　　　　　　　　(b) 后视图

图 2.7　纵置轴流式全喂入联合收割机

2.3.3　脱粒装置的改进

1. 杆齿式脱粒滚筒

杆齿式脱粒滚筒结构如图 2.8 a 所示,其优点如下:

① 脱粒装置空间大,负荷小。

② 可使除水稻、小麦以外的谷类也柔和脱粒。

③ 允许脱粒物落入内部空间。

杆齿式脱粒滚筒作为新的脱粒部件,其形状不是传统的转筒式而是杆齿式,如图 2.8 b 所示。这样使脱粒空间可增大 2 倍,故脱粒元件打击作物时不会引起阻塞。因此,在脱粒负荷减轻和作业效率提高的同时,碎茎稿和破碎籽粒都减少了。

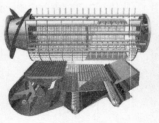

(a) 结构图　　　　　　(b) 转筒式和杆齿式滚筒比较

图 2.8　杆齿式脱粒滚筒

2．圆弧形滚轴式凹板筛

圆弧形滚轴式凹板筛(见图2.9)不但改善了收割机的脱粒性能,同时也减少了动力消耗,其使用耐久强度也提高。为了防止豆荚和茎杆挂在脱粒室内,圆弧形管子结构凹板筛上纵向排列的各管子可以在轴上自由转动,这同时也控制了被榨出的豆秆汁沾污豆粒。这样可减少60%的大豆污粒,提高了脱粒性能,不但能收获高品质的大豆,同时脱粒功耗也大幅度下降。

图2.9　滚轴式凹板筛(洋马农机)

由于滚轴结构凹板和轴流式长滚筒的配合使用,收割机的作业效率提高1.2倍,处理能力提高1.5倍。这种高性能联合收割机已开发成功,燃料费用经折算可下降10%。

2.3.4　联合收割压捆机开发

用于收获燃料和饲料用谷物的收割机是未来的需求,其收获方式可由谷物联合收割机扩大功能来实现。饲料用谷物联合收割机分为收获稻草、牧草的全喂入甩刀式联合收割压捆机和以稻草作为收获对象的高速"粉碎型联合收割压捆机"。生研中心正进行的气吸式SMR1000型收割机是作为具备两者优势的大型机开发的。试验表明,联合收割压捆机具有收获稻草的适应性。

最初联合收割压捆机没有切断茎秆的功能,只是把茎秆和穗压偏,因此发酵质量不佳。为了解决这个问题,采用甩刀式联合收割压捆机。联合收割压捆机的作业速度慢,对作物的粉碎质量好,因此发酵质量很好。但甩刀式联合收割压捆机有水稻籽粒的洒落和作业速度慢的缺点。若增大"粉碎型"机滚筒直径,则改制成本提高,但发酵品质提高了。最近改进型甩刀联合收割压捆机(见图 2.10)已研制成功,可解决这些问题。它今后的技术发展受到人们的关注。

图 2.10　改进型甩刀联合收割压捆机(洋马农机)

2.3.5　梳子齿式脱粒机构

梳子齿式脱粒机构主要由脱粒滚筒和喂入链构成,它是没有凹板筛的简单结构。该机构在脱粒滚筒上装置了可减小脱粒所需功率的梳子状脱粒齿,且脱粒滚筒轴配置成与喂入链夹持的稻秆垂直(见图 2.11)。

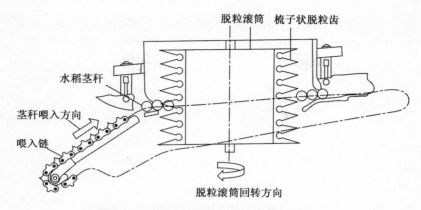

图 2.11　梳子状脱粒齿的脱粒机构(生研中心)

脱粒时水稻茎秆由喂入链夹持,仅仅将稻穗喂入脱粒滚筒,因此碎茎秆少。由于使用了装有梳子状的脱粒齿,半喂入联合收割机所需功率大幅度下降,半喂入联合收割机可望实现节能化和低成本。该脱粒机构的脱粒质量:单粒籽粒占 82% ～ 89%,未脱下籽粒占 1% ～ 3%,带籽粒断穗占5% ～ 14%,与一般半喂入联合收割机从凹板筛落下的籽粒的质量(单粒籽粒占 84%,未脱下粒子粒占 5%,带籽粒断穗占 2%)相比,其带籽粒断穗的比例较高,而未脱下籽粒的比例较低。

◉ 编译者评述

《农业机械学会志》从 1996 年开始,不定期地刊登特辑"水稻收获作业的新技术. Ⅴ.联合收割机",据不完全统计,至今已发表文献 7 篇。其作者均为生产厂家的技术主管,具有一定的权威性。这些文章对推动水稻收获机械的行业的技术进步和提高水稻联合收获机整机技术水平具有积极的作用,这些新技术很多已应用于生产,为降低水稻收获作业成本和提高水稻联合收获质量做出了贡献。随着农业机械技术的快速发展,早年的新技术有的已经陈旧,但显示了水稻联合收获机技术的发展历程,并为新的技术创新提供了借鉴。

第 3 章

相关理论研究(1)

3.1 联合收割机切割器驱动装置的力学模型及其验证[5]

联合收割机割台主要振动源的切割器驱动系中多采用曲柄机构。为降低割台的振动,一般多采用构造简单、廉价的平衡块,但至此还未有最佳设计参数的推算方法。本研究中,把割台动力传动机构作为力学模型,提出了新方案,通过对实际收割机的试验,验证了试验和模型之间的差异,提出了降低割台振动的设计方案。验证试验的结果出现了不同于模型的冲突振动(非线性振动),为此分析了由于往复式动刀所引起的不平衡力的无秩序时间序列。

3.1.1 序言

近年由于联合收割机的大型化、自动化、高速化,其在作物的收获精度、处理能力方面有了飞跃的进步,但是其在耐久性、舒适性、安全性的设计方面存在有待解决的问题。针对农业就业人员的高龄化和地块呈大规模化趋势的情况,考虑应开发减轻作业人员的肉体、精神负担的安全的农业机械。另外,损害收割机的耐久性、安全性的主要原因是机体振动,但其发生源有行走装置、割台、发动机、脱粒装置等多个方面。本研究中以降低机体振动为目的,以振动源中割台的振动作为研究对象。目前,日本的联合收割机割台是由曲柄机构驱动往复式动刀,主要采用结构简单、廉价的平衡块的方式减小振动。但是平衡块的安装位置和安装质量等方面还没建立能导出与控制有关的最佳设计参数值的理论体系,只是靠经验和试验的方法求出其值。为此,笔者等(lnour,1955,2001)从割台动力传动机构的力学模型着手,以与平衡块减小振动有关的设计理论的建立为目标进行研究。经过实际收割机的验证试验发现,切割器驱动装置有产生非线性的冲突振动的情况。另外,酒井等(Sakai,1999,2000)将铺设路面时拖拉机行走产生的非线性振动看作是引起重大事故的重要原因,论述了非线性振动的危险性,并用无秩序时间序列分析方法进行了拖拉机的振动分析。对本研究中的研究对象——割台来说,非线性振动虽然不会造成重大事故,但与导出有关降振的设计参数来说关系密切,所以本研究中采用和酒井等同样的方法,对割台上产生的振动加速度进行了无秩序列分析。总之,引用非线性无秩序时间序列分析方法的目的是核对无秩序时间序列分析结果和建立力学模型,以期应用于最佳设计方案中。

3.1.2 割台的振动降低法和验证试验

1. 切割器驱动装置的力学模型

如图 3.1 所示,把割台动力传动装置进行模型化,以曲柄轴中心为原点,作为 X,Y 坐标上的质点系。点 A 是曲柄轴和连杆的联结点,点 B 是连杆和摇臂的联结点,点 C 是摇臂在切割器侧的端点。对于点 A,B,C 给定的等价质量 M_a,M_b,M_c 分别由下式表示:

$$M_a = \frac{M_{\text{pit}}}{2} \tag{3.1}$$

$$M_b = \frac{M_{\text{pit}}}{2} + \frac{M_{\text{lin}}}{4} \tag{3.2}$$

$$M_c = \frac{M_{\text{pit}}}{4} + M_{\text{cut}} \tag{3.3}$$

式中:M_{pit}——连杆的质量,kg;

M_{lin}——摇臂的质量,kg;

M_{cut}——切割器的质量,kg。

另外,在江崎(Ezaki,1986)计算的滑块曲柄机构中,它没有摇臂,故取 2 个质点,而本研究考虑了摇臂,则取 3 个质点。此外,如图 3.1 所示,把点 A 的变位作为时间函数,由于长度和角度等约束条件,点 B,C 的变位也可用时间函数表示。因为点 B,C 的变位稍微复杂,在此省略了,但各点的变位都是作为时间函数来求得的,所以可求得滑块曲柄机构驱动时各点的惯性力。

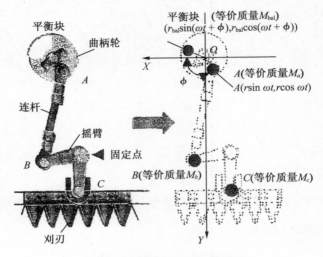

图 3.1　割台动力传动机构模型

　　设在时间 t 时,点 A,B,C 的 X 轴方向的加速度分别为 $\ddot{X}_a,\ddot{X}_b,\ddot{X}_c$,则各点的惯性力 $F_a(t),F_b(t),F_c(t)$ 表示如下:

$$F_a(t) = -M_a \cdot \ddot{X}_a \tag{3.4}$$

$$F_b(t) = -M_b \cdot \ddot{X}_b \tag{3.5}$$

$$F_c(t) = -M_c \cdot \ddot{X}_c \tag{3.6}$$

这里,本模型的 X 轴方向的不平衡力 $F_x(t)$,由下式表示:

$$F_x(t) = F_a(t) + F_b(t) + F_c(t) \tag{3.7}$$

2. 平衡块

　　平衡块指的是在曲柄轮上安装的锤,如图 3.1 所示,从曲柄轴和连杆的联结点 A 向顺时针方向回转的角度为 ϕ,平衡块的重心,以距离曲柄轴中心 r_{bal} 位置上的质点来表示。当曲柄轴回转时,平衡块产生的 X 轴方向的惯性力 $F_{bal}(t)$ 由下式表示:

$$F_{bal}(t) = M_{bal} r_{bal} \omega^2 \sin(\omega t + \phi) \tag{3.8}$$

式中: M_{bal}——平衡块质量,kg;

　　　　ω——曲柄轴回转时的角速度,rad/s;

ϕ——从点 A 以顺时针方向回转的角度,rad;

r_{bal}——从曲柄轴中心至平衡块重心的距离,m。

本研究中,r_{bal} 取为 0.055 m,角速度 ω 是常用转速下的角速度,取为 73.3rad/s(曲柄轴转速为 700 rad/min 时的角速度,式(3.8)中的控制参数为 M_{bal} 和 ϕ)。

本模型中,当 $F_{bal}(t)$ 和 $-F_x(t)$ 相一致时,曲柄轴回转时产生的 X 轴方向的不平衡力互相抵消,当 ω 一定时 $F_{bal}(t)$ 是正弦波,但 $F_x(t)$ 不是正弦波,改控制参数时也出现两者不一致的情况。$-F_x(t)$ 呈现出接近于正弦波的波形,在平衡块的作用下可一定程度降低振动,根据非线性最小平方律,在 $F_{bal}(t)$ 和 $-F_x(t)$ 之间的差为最小值时可同时确定控制参数。同时确定时的评价函数由下式表示:

$$\frac{\left| S_{after} - S_{before} \right|}{S_{before}} \leqslant 0.0001 \tag{3.9}$$

式中:S_{before}——增益更新前的误差;

　　　S_{after}——增益更新后的误差。

同时得到作为最佳值的平衡块质量为 $M_{bal} = 1.677$ kg,平衡块的安装位置为 $\phi = 2.047$ rad(约 117°)。

3. 验证试验

为了验证由模型确定的最佳控制参数值的妥当性,用实际收割机的割台做了试验。试验装置的简图如图 3.2 所示。为使割台不受其他部位振动源的影响,将其从联合收割机的主体中分离出来,用地面上固定的电机驱动。在被固定的割台左、右分禾器侧面上分别安装了单轴方向(左右)的加速度计。得到的加速度数据通过应变仪,以采样频率 1 kHz 记录在数据记录器上。每一次试验数据记录时间取 30 s,由加速度的 rms 值来评价振动。振动小时,平衡块抵消不平衡力的效果大。图 3.2 中试验装置左侧的加速度计称为曲柄侧加速度计,右侧的加速度计称为非曲柄侧加速度计。

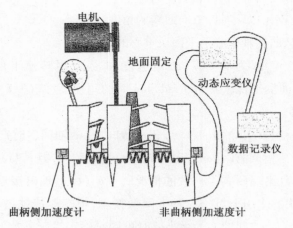

图 3.2　试验装置

验证试验是按如下的 2 种方法进行的：

（1）固定平衡块质量

把平衡块安装质量固定为同时确定的最佳值，改变其安装位置。

把平衡块安装位置变化为 0°，45°，90°，117°，135°，180°，270°，315°，验证其对振动的影响。其结果如图 3.3 所示。

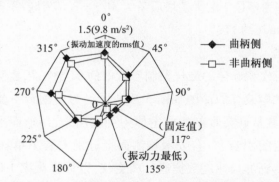

图 3.3　平衡块的安装位置和振动加速度的 rms 值

（2）固定平衡块的安装位置

把平衡块安装位置固定为同时确定的最佳值，改变其安装质量，验证其对振动的影响。其结果如图 3.4 所示。

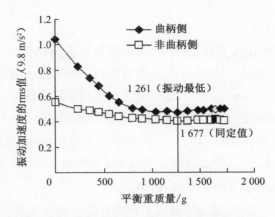

图 3.4　平衡块的质量和振动加速度的 rms 值

4. 考察

　　如图 3.3 和 3.4 所示,平衡块质量、安装位置都与由模型同时确定的最佳值和试验得到的最小值之间有差异。这是由模型和实际收割机的力学特性不同所造成的。

　　没有安装平衡块状态下的曲柄侧加速度的波形和模型惯性力波形如图 3.5 所示,在一周期内有 3 个峰值,所以实际收割机的割台上产生冲突振动,产生冲突振动的地方就是摇臂和切割器之间的间隙处。

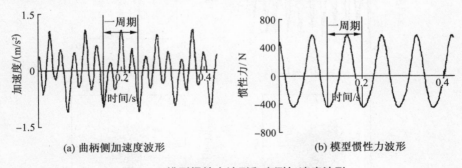

图 3.5　模型惯性力波形和实测加速度波形

3.1.3　无秩序时间序列分析

　　3.1.2 节中已描述了割台的力学特性不同于模型的情况。本节以对模型的反馈为目的,进行了无秩序时间序列分析,根据割台的振动特性做详细的分析。

1. 埋入（隐蔽）

在无秩序时间序列分析中,由时间序列数据需在高次元空间上再构成牵引轨道。现在,这种牵引的再构成中用的最多的方法是采用在时间滞后坐标系上的变换(Aizawa,2000),本研究中也采用了该方法。

作为对象的时间序列数据有周期性的场合,时间滞后 τ 一般来说是其几分之一(Sakai,1997;Takens,1981)。因为割台是强制振动系,由曲柄轴的回转周期可决定周期 T,其时间滞后 τ 作为 $T/4$ 进行埋入。

2. 相位轨道图和庞加莱断面、频谱

从图 3.3 中可看出,振动降低效果最明显的平衡块安装位置是 $135°$,其次是 $117°$,振动降低效果最差的安装位置是 $315°$。无论在哪一个安装位置上,曲柄侧振动和非曲柄侧振动相比较,显示前者的数值大。从以上情况来看,振动最小的是平衡块安装位置为 $135°$ 的非曲柄侧,其次是安装位置为 $117°$ 的非曲柄侧。这些平衡块的特征性安装位置上的振动特性,如时间序列数据、频谱、相位轨道图、庞加莱断面分别见图 $3.6,3.7$ 和 3.8。

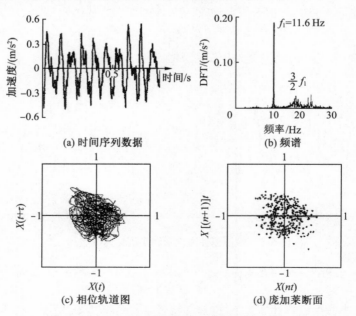

(a) 时间序列数据　　　　(b) 频谱

(c) 相位轨道图　　　　(d) 庞加莱断面

图3.6　非曲柄侧平衡块安装位置为 $117°$ 的振动特性

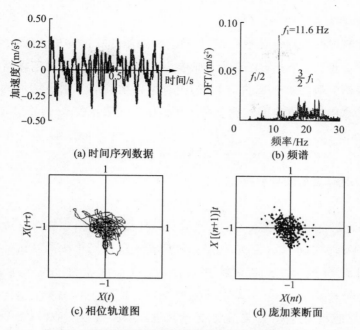

图 3.7 非曲柄侧平衡块安装位置为 135°的振动特性

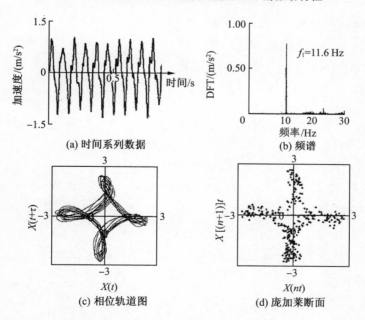

图 3.8 非曲柄侧平衡块安装位置为 315°的振动特性

3. 相关因次法

通过埋入得到的 m 因次牵引,具有自身相似性的评价和分析对象,采用了本身具有的自由度推算法和相关因次法。相关因次法中通过计算相关积分可求得相关因次。原来的力学系,或者把再构成的牵引上的点为 $v(i) \in R^m$(R^m 是牵引的存在空间),则其相关积分由下式表示(Aizawa,2002):

$$C^m(r) = \lim_{N \to \infty} \frac{1}{N^2} \sum_{\substack{i \cdot j = 1 \\ i \neq j}}^{N} I(r - |v(i) - v(j)|) \qquad (3.10)$$

式中 $I(t)$ 为亥维赛函数,即

$$I(t) = \begin{cases} 1, t \geq 0 \\ 0, t < 0 \end{cases} \qquad (3.11)$$

式(3.10)中, r 表示距离; $v(i) - v(j)$ 表示欧几里得距离。这样得到的相关积分 $C^m(r)$ 在 r 的适当区域中有

$$\lg C^m(r) \propto v(m) \lg r \qquad (3.12)$$

的关系时,把 $v(m)$ 称为相关指数,把变化埋入因次为 m 时收敛的 $v(m)$ 称为相关因次。当相关因次取非整数值的场合,牵引拥有自身相似构造。若将 $v(m)$ 用曲线表示,则应满足式(3.12)的直线区间需要十进位以上。为得到相关因次的值为 D 的结论,估计至少需要

$$N \geq 10^{\frac{D}{2}} \qquad (3.13)$$

的数据(Aizawa,2002)。这次采用 1 000 点的数据,从十进位以上的直线区间推断了相关因次,当 $v(m)$ 在 6 以内收敛时可确保其可靠性。

图 3.9 中表示了不同平衡块安装位置上的埋入因次和相关指数的关系。

4. 李雅普诺夫指数

李雅普诺夫指数由下式表示:

$$\lambda_i = \lim_{N \to \infty} \frac{1}{t} \lg \frac{P_{i(t)}}{P_{i(0)}} \qquad (3.14)$$

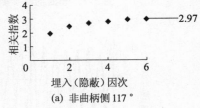

(a) 非曲柄侧 117°

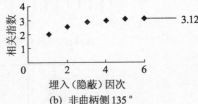

(b) 非曲柄侧 135°

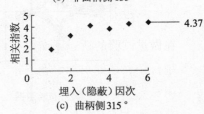

(c) 曲柄侧 315°

图 3.9　埋入因次与相关指数的关系

式中:λ_i——埋入因次为 i 时的李雅普诺夫指数;

　　　$P_{i(0)}$——i 因次中埋入的基准轨道上的两点间的初期微小变位;

　　　$P_{i(t)}$——i 因次中埋入的从初期微小变位至时间 t 两点间的距离
　　　　　　　(CTarciano,2002)。

　　一般来说,i 因次的无秩序力学系中有不稳定多样体和稳定多样体,但正的李雅普诺夫指数对应于不稳定多样体,而负的李雅普诺夫指数对应于稳定多样体(Aizawa,2002)。当李雅普诺夫指数为 0 时,无秩序力学系是周期性的(CTarciano,2002)。无秩序的特征为最大李雅普诺夫指数是正的,从实际的时间序列数据中无秩序的判别方面来看,最大李雅普诺夫指数的评价是重要的(Nagashima, et al, 1990),所以对其进行了评价。

　　图 3.10 是表示变化平衡块安装位置上的李雅普诺夫指数相应变化最大的情况。

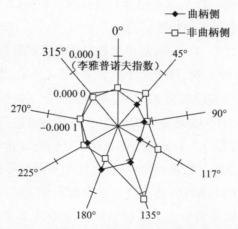

图 3.10　各平衡块安装位置上的李雅普诺夫指数

3.1.4　时间序列分析结果和考察

　　在做过试验的所有平衡块安装位置上,李雅普诺夫指数约为 0,这就意味着割台振动系处于稳定和不稳定的边界区域。如图 3.6,3.7 和 3.8 所示,可以明显看到,不同的平衡块安装位置,其振动特性是不同的。

　　在平衡块安装位置为 117°时的非曲柄侧振动加速度的时间序列数据的频谱如图 3.6 b 所示,驱动频率为 f_1 时呈现出最大的峰值,在 3/2 倍驱动频率$\left(\dfrac{3}{2}f_1\right)$附近呈现出多数的频谱混在一起的复杂振动特性。另外,如图3.6 c 和 3.6 d 所示,相位轨道图画出是复杂的轨道,庞加莱断面是由于特定区域通过了随机抽样,在平衡块的安装位置为 117°的非曲柄侧产生非周期性的非线性振动。相关因次收敛约为 3,振动系本来拥有的自由度为 3。

平衡块的安装位置为 135°的非曲柄侧的时间序列数据的频谱如图3.7 b 所示,驱动频率为 f_1 的二分之一($f_1/2$)时出现峰值,而频率为 f_1 时DFT 呈现出峰值,可认为拥有倍周期成分。在驱动频率的 3/2 倍$\left(\dfrac{3}{2}f_1\right)$附近的频率带中呈现了和 117°同样的复杂振动特性。如图3.7 c 所示,相位轨道图是混乱的,图 3.7 d 所示的庞加莱断面也对特定区域经过了随机抽样。所以,在平衡块安装位置为 135°的非曲柄侧产生的振动也和平衡块安装位置为 117°的非曲柄侧一样是非周期性非线性的。相关因次收敛 3.12,所以可认为牵引拥有自身相似构造。

平衡块安装位置为 315°的时间序列数据的频谱如图 3.8 b 所示,在驱动频率 f_1 时,出现最大的峰值,噪音也少。如图 3.8 c 所示,相位轨道是以非线性封闭的。平衡块安装位置为 315°时,在曲柄侧产生的振动是非线形周期振动的。另外,相关因次收敛为 4.12,可认为牵引拥有自身相似构造。

综上所述,平衡块的 3 个安装位置处有特征振动加速度,其他安装位置上的频谱不具有分谐波。根据相位轨道图、庞加莱断面等进行分析的结果,在降低振动效果差的平衡块安装位置上可判断为非线性周期振动。有降低振动效果好的平衡块安装位置上不忽略噪音的影响,但可发生非周期性的非线性振动。

3.1.5 结论

为降低联合收割机割台的振动,主要采用在曲柄轮上安装构造简单、廉价的平衡块方法,为此把割台动力传动机构以力学模型来表示,导出平衡块的最佳质量和最佳安装位置,为验证其妥当性,用实际收割机的割台做了试验。

由验证试验得到的实测的最佳参数值和由模型得到的最佳参数值之间

有差异。其主要是由于两者的力学特性不同造成的。

通过实测曲柄侧加速度,可看出割台上产生非线性振动的冲突振动。产生冲突的地方主要是连杆臂和切割器之间的间隙处。从振动特性的详细分析来看,为了改善力学模型,应用非线性分析中常用的无秩序时间序列进行分析,降低振动效果差的平衡块安装位置上产生非线性周期振动,在降低振动效果好的安装位置上安装平衡块的场合,则产生非周性非线性的振动。未来的研究要考虑切割器——连杆臂之间的间隙和振动特性等,将其作为有间隙的振动系以进一步改善模型。

3.2　关于轴流脱粒机的研究
——被脱粒物脱粒室内的运动分析[6]

本研究的要点是针对几种轴流脱粒机,推导脱粒室内被脱粒物的运动方程式;用数值分析法求出影响各参数的理论式的解,得到有关轴流脱粒机的脱粒性能和设计变数的预测情报;根据理论值和实测值的比较结果,修正空气的流动、凹板漏下量、脱粒齿工作角的影响,以便得到更精确的理论式。

3.2.1　序言

在脱粒室内的被脱粒物是在输送过程中进行脱粒分离的。这个场合中被脱粒物在移动,同时作用着许多类型的力。在特定条件下,被脱粒物的移动由一种状态的力支配,一般条件时则其由不同形态的力来支配。根据目前的理论分析来看,将被脱粒物的运动看作以谷粒的运动为中心用单个状态来处理,还有其输送方法的假定也不充分,其应用受到很多的限制。被脱粒物在脱粒室内的运动状态和滞留时间对轴流脱粒机的脱粒性能有很大的影响。根据机械条件和作物条件,其运动状态发生变化。因此,本研究对比了轴流脱粒机内的被脱粒物运动的理论分析和计算与实测值。本研究的目的是根据系统参数的变化,将被脱粒物的运动进行模拟,得到对轴流脱粒机性能的预测情报。

3.2.2　理论分析

1. 物理模型

把脱粒室内的被脱粒物进行理论分析的装置如图 3.11 所示,它是由圆锥形的凹板和脱粒滚筒组成的,以单纯形态来模型化的轴流脱粒机。凹板在脱粒滚筒的周围具有和脱粒滚筒相同的圆锥角和轴向长度,和脱粒滚筒之间以一定的间隙围起来的。脱粒滚筒和凹板是在圆锥轴周围以一定角速度回转的。如图 3.11 所示,脱粒齿按一定节距螺旋状地附着在脱粒滚筒的表面上,其顶端和凹板之间有一定的间隙。作物是由传送带以均匀的速度、厚度及宽度喂入到脱粒滚筒。

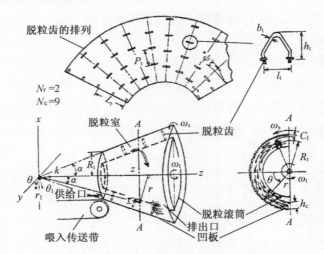

N_c—脱粒齿的行数(排列行数);N_r—脱粒齿的重复数(排列条数);R_t—脱粒齿的作用半径;ω_t—脱粒滚筒的转速;ω_s—凹板的转速;θ—被脱粒物的角变位;h_t—脱粒齿的高度;b_t—脱粒齿的粗细;l_t—脱粒齿的宽度;L_t—脱粒齿的导程;P_t—脱粒齿的节距;α—脱粒滚筒和凹板的圆锥角;ψ—脱粒齿排列的螺旋角;h_c—作物层的平均厚度;C_1—凹板间隙;r—被脱粒物的半径方向变位;R_i—凹板入口的半径

图 3.11　物理模型

供给的作物是由谷粒和稻草组成的,在脱粒室内分离为单粒、穗、碎草、稻草等,其中的一部分通过凹板的网孔漏下来,把它假定为谷粒和稻草均等分布的质点。作物分离之前的状态作为初始条件,并忽略质量逐渐减少的情况。被脱粒物和装置之间的接触表面上的运动状态是顺畅的,其承受的阻力是动摩擦和网的机械性干涉相互作用产生的,其大小与表面的垂直反力成正比,但其运动状态不仅仅只有顺畅,也有滚动和飞行的情况。此外,空气阻力也不能忽略,而且还存在被脱粒物的成分之间相对运动及互相作用,把这些影响看作是全部脱粒齿给予被脱粒物作用力的方向因素,包含在一个参数中。这是由于脱粒齿和被脱粒物是间歇性接触,还有脱粒齿不能确保将被脱粒物根据脱粒齿的螺旋排列按顺序连续作用,且脱粒齿并非总是垂直作用于被脱粒物的,所以将脱粒齿的作用力的作用方向假定为一定程度偏离脱粒齿的排列螺旋相垂直的位置。

试验装置根据滚筒的形态可分为圆锥形和圆筒形 2 种;根据凹板的状态可分为 3 种:① 回转网型:整体凹板由蜷曲网形成,而且回转在脱粒滚筒的周围;② 半网型:上半部分是用铁板制的脱粒室罩,下半部凹板是由蜷曲网组成的,固定在机架上;③ 带叶片型:在半网型罩的内表面上按一定节距附着弓状叶片。

2. 数学模型

如图 3.11 所示,原点固定在圆锥轴的定点上,把与被脱粒物同一角度回转的移动圆柱坐标系 $r-\theta-z$ 作为一般化坐标系。由拉格朗日的运动方程式求出对于物理模型质点的基本运动方程式,根据脱粒滚筒和凹板的状态,对适用各自的力,推导不同的机型的运动方程式。首先在圆锥形的脱粒室内的被脱粒物,从水平的 y 轴反时针方向回转角 θ 的场合,其自由物体线图和速度线图如图 3.12 所示。

（1）圆锥回转网型

回转网型轴流脱粒机的自由物体线图如图 3.12 a 所示,对于单位质量被脱粒物 r,θ,z 方向的运动方程式,分别如下:

$$\ddot{r} - r\dot{\theta}^2 = g\sin\theta - (\cos\alpha + \mu_s\cos\phi\sin\alpha)F_s + \sin\alpha(\sin\delta - \mu_t\cos\delta)F_s$$

$$(3.15)$$

$$r\ddot{\theta} + 2\dot{r}\dot{\theta} = g\cos\theta - \mu_s F_s\sin\phi + (\cos\delta + \mu_t\sin\delta)F_t \qquad (3.16)$$

$$\ddot{z} = (\sin\alpha - \mu\cos\phi\cos\alpha)F_t + \cos\alpha(\sin\delta - \mu_t\cos\delta)F_t \qquad (3.17)$$

这里被脱粒物在凹板内表面上边接触边滑动的场合满足式(3.18),F_s 由式(3.19)求得,即

$$r = z\tan\alpha, \dot{r} = \dot{z}\tan\alpha, \ddot{r} = \ddot{z}\tan\alpha \qquad (3.18)$$

$$F_s = (r\dot{\theta}^2 + g\sin\theta)\cos\alpha \geqslant 0 \qquad (3.19)$$

由凹板表面的阻力和凹板母线形成的 ϕ 可根据图 3.12 e 的速度线图求得,即

$$\phi = \tan^{-1}\left[\frac{r\cos\alpha(\dot{\theta} - \omega_s)}{\dot{z}}\right] \qquad (3.20)$$

脱粒滚筒和凹板的回转方向相反的场合,将 ω_s 取为 $-\omega_s$。

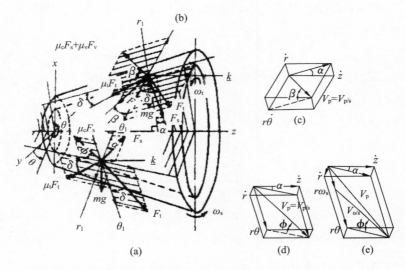

e—被脱粒物对脱粒齿的排斥系数;F_s—对被脱粒物的凹板表面的垂直反力;F_t—弓齿对被脱粒物的作用力;F_v—对被脱粒物的罩叶片的表面反力;g—重力加速度;P_v—罩的叶片节距;r—被脱粒物的半径方向变位;t—时间;z—被脱粒物的轴向变位;$\dot{z}_m$—被脱粒物的轴向平均速度;α—脱粒滚筒和凹板的圆锥角;β—罩叶片的螺旋角;δ—脱粒齿的工作角;η—被脱粒物的运动螺旋角;θ—被脱粒物的角变位;μ_s—凹板表面对被脱离物的阻力系数;μ_c—被脱粒物对脱粒室罩的动摩擦系数;μ_t—被脱粒物对脱粒齿的动摩擦系数;μ_v—被脱粒物对罩内导向板的动摩擦系数;ε—凹板和脱粒滚筒轴对水平的倾斜角;ϕ—对凹板表面的被脱粒物的动摩擦角;m—被脱谷物的质量;V_p—质点的绝对速度;$V_{o/s}$—对凹板的质点相对速度

图 3.12　圆锥形的自由物体线图和速度线图

设脱粒齿和冲击之前的被脱粒物角速度为 $\dot{\theta}_1$,1 根脱粒齿作用于被脱粒物的力为 F_{t1},F_{t1} 的 θ 方向分力为 $F_{t1\theta}$,根据对单位质量的动量和冲量的关系可得

$$e = \frac{r\dot{\theta}_1 - R_t\omega_t}{R_t\omega_t - r\dot{\theta}} \tag{3.21}$$

$$F_{t1\theta} \cdot t = r(\dot{\theta}_1 - \dot{\theta}) \tag{3.22}$$

$$F_{t1\theta} = \frac{(1+e)(R_t\omega_t - r\dot{\theta})}{t} \tag{3.23}$$

式中:e——被脱粒齿对脱粒齿的排斥系数。

被脱粒物在凹板内表面回转 1 次时,1 根脱粒齿传递能量的时间由式(3.24)表示,求出脱粒物每回转 1 次时脱粒齿的接触时间 T_r(见式(3.26))乘于式(3.25)的 F_{t1},则 F_t 推导如式(3.27)所示,即

$$t = \frac{2\pi}{\omega_t - \dot{\theta}} \cdot \frac{I_t}{2\pi R_t} = I_t R_t(\omega_t - \dot{\theta}) \tag{3.24}$$

$$F_{t1} = \frac{F_{t1\theta}}{\cos\delta} = R_t \frac{(1+e)(\omega_t - \dot{\theta})(R_t\omega_t - r\dot{\theta})}{I_t\cos\delta} \tag{3.25}$$

$$T_r = \frac{b_t I_t N_r N_c}{2\pi L_t R_t} \tag{3.26}$$

$$F_t = \frac{b_t N_r N_c(1+e)(\omega_t - \dot{\theta})(R_t\omega_t - r\dot{\theta})}{2\pi L_t\cos\delta} \tag{3.27}$$

1 根脱粒齿的瞬间作用方向是 θ 方向,脱粒齿根据其螺旋排列,与脱粒物按顺序连续作用的话,脱粒齿的工作角 δ 为 $(\pi/2 - \psi)$。但在物理模型中,δ 是包含许多因素的复合的影响,假定其计算式用式(3.28)表示,即

$$\delta = K_1\left(\frac{\pi}{2} - \psi\right)L_t K_2 \tag{3.28}$$

式中,K_1 和 K_2 为试验系数。

(2)圆锥半网型

凹板是被固定的,半网型轴流脱粒机的 ω_s 为 0,速度线图如图 3.12 d 所示。当被脱粒物处于网部分时,即 θ 满足式(3.29)时,被脱离物的运动方程式与圆锥回转网型的运动方程式完全相同。

$$2n\pi \leqslant \theta < (2n+1)\pi, n = 0,1,2,3 \tag{3.29}$$

被脱粒物在罩部位时的运动方程式,把圆锥回转网型的运动方程式中的 μ_s 用 μ_c 代替即可。

(3) 圆锥带叶片型

和半网型一样,带叶片型也是凹板被固定的,ω_s 也是 0。当 θ 满足式(3.29)时,圆锥带叶片型的运动方程式与和回转网型的是同一公式。被脱粒物在叶片的罩部分时的自由物体线图和速度线图如图 3.12 b、图 3.12 c 所示,沿着叶片的螺旋面移动时,其摩擦角 ϕ 是和叶片的螺旋角 β 相同的。在图 3.12 b 中,表示叶片的节距比被脱粒物的回转轨迹的节距小,叶片作用于被脱粒物的力 F_v 是限制其轴向方向的运动。当被脱粒物的回转轨迹节距比叶片节距小时,F_v 的作用方向取回转 180° 方向为好。因此,被脱粒物在罩部分时,带叶片型的每单位质量的 r,θ,z 方向的运动方程式分别推导为如下:

$$\ddot{r} - r\dot{\theta}^2 = g\sin\theta - (\cos\alpha + \mu_s\cos\beta\sin\alpha)F_s +$$
$$\sin\alpha(\sin\delta - \mu_t\cos\delta)F_t - \sin\alpha(\sin\beta + \mu_v\cos\beta)F_v \tag{3.30}$$

$$r\ddot{\theta} + 2\dot{r}\dot{\theta} = g\cos\theta - \mu_s F_s\sin\beta + (\cos\delta + \mu_t\sin\delta)F_t + (\cos\beta - \mu_v\sin\beta)F_v \tag{3.31}$$

$$\ddot{z} = (\sin\alpha - \mu_c\cos\beta\cos\alpha)F_s + \cos\alpha(\sin\delta - \mu_t\cos\delta)F_t - \cos\alpha(\sin\beta + \mu_v\cos\beta)F_v \tag{3.32}$$

式中,F_s,F_t 及 δ 分别与式(3.19)、(3.27)及式(3.28)相同,β 由式(3.33)求出,即

$$\beta = \tan^{-1}(2\pi r/P_v) \tag{3.33}$$

因 $\phi = \beta$,故 $\dot{\theta}\cos\alpha = 2\pi\dot{z}/P_v$,其两边微分式和式(3.31)及式(3.32)联立后求解,F_v 推导为式(3.34),即

$$F_v = (2\dot{r}\dot{\theta} - g\cos\theta)\cos\beta + F_s\tan\alpha\sin\beta - [\cos(\delta+\beta) + \mu_t\sin(\delta+\beta)]F_t \tag{3.34}$$

(4) 圆筒型

圆筒型轴流脱粒机的自由物体线图和速度线图分别如 3.13 a,3.13 d 所

示。圆筒型中 $\alpha = 0$，r 固定，$r = \ddot{r} = 0$。对于圆筒带叶片型的场合，被脱粒物在网部分时，即 θ 在式(3.29)范围内时，单位质量的被脱粒物在 r, θ, z 方向的运动方程式分别表示如下：

$$- r \dot{\theta}^2 = g \sin \theta - F_s \tag{3.35}$$

$$r \ddot{\theta} = g \cos \theta - \mu_s F_s \sin \phi + (\cos \delta + \mu_t \sin \delta) F_t \tag{3.36}$$

$$\ddot{z} = - \mu_s F_s \cos \phi + (\sin \delta - \mu_t \cos \delta) F_t \tag{3.37}$$

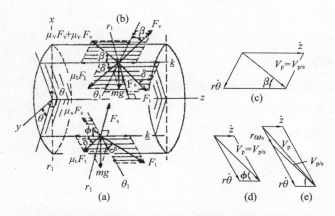

图 3.13　圆筒型轴流脱粒机的自由物体线图和速度线图

这里，F_s，F_t 及 δ 分别与式(3.19)、(3.27)及(3.28)相同，ϕ 是由式(3.38)表示。

$$\phi = \tan^{-1}(r \frac{\dot{\theta}}{\dot{z}}) \tag{3.38}$$

被脱粒物在罩部分时的自由物体线图和速度线图分别如图 3.13 b、图 3.13 c 所示。这里表示，F_v 的方向是叶片节距比被脱粒物的回转节距大的场合。对这个场合的被脱粒物的单位质量的 r, θ, z 方向的运动方程式分别由式(3.39)、(3.40)及(3.41)表示。

$$r \ddot{\theta} = g \cos \theta - \mu_c F s \sin \beta + (\cos \delta + \mu_t \sin \delta) F_t - (\cos \beta + \mu_v \sin \beta) F_v \tag{3.39}$$

$$\ddot{z} = \mu_c F_s \cos \beta + (\sin \delta - \mu_t \cos \delta) F_t + (\sin \beta - \mu_c \cos \beta) F_v + (\cos \beta - \mu_c \sin \beta) F_v \tag{3.40}$$

式中，

$$F_v = g\cos\theta\cos\beta + [\cos(\delta+\beta) + \mu_t\sin(\delta+\beta)]F_t \qquad (3.41)$$

圆筒回转网型被脱粒物的速度线图如图 3.13 e 所示，运动方程式除了

$$\phi = \tan^{-1}\left[\frac{r(\dot{\theta}-\omega_s)}{\dot{z}}\right]$$ 以外，其他的方程式与圆筒带叶片型的网部分的式

（3.35）～（3.37）相同。

此外，对圆筒半网型的场合采用相同的方法，其方程式网部分的被脱粒物的式（3.35）～（3.37）完全相同。被脱粒物在罩壳部分时，其在圆筒半网型轴流脱粒机内的运行方程式与式（3.35）～（3.37）基本相同，用 μ_c 代替其中的 μ_s 即可。

对于上述的全部机种，脱粒滚筒和凹板的回转轴对水平方向倾斜 ξ 角的场合的被脱粒物的运动方程式，是对所有的方程式而言，仅变化重力项，就可分别求得不同机种的运动方程式。

3.2.3　试验装置和方法

1. 被脱粒物的运动测定试验

用于试验的试验样机为轴流脱粒机，有 α 为 20°的回转型 CON40，α 为 10°的半网型 CON20 和 CON20A，以及圆筒带叶片型 CYL 四种类型。试验用材料和其物理性能如表 3.1 所示。材料是采用一捆一捆地喂入方法和用传送带以 0.6 ～0.8 m/s 的喂入速度和 0.25 ～1 kg/m 的作物层厚度，在总流量 0.6～2.1 t/h 范围采用连续喂入的方法做了试验，还有其脱粒滚筒转速的范围为 400 ～800 r/min。

被脱粒物的运动状态的测定采用频闪观测器摄影、放映机摄影及传感器的 3 种方法。首先频闪观测器摄影是用菅原制 S-8A 频闪观测器 200,250 型及 300 Hz 的发光，把 2 台摄像机的快门速度变化为 $\frac{1}{30}, \frac{1}{60}, \frac{1}{125}$ s，使用 ASA400 和 800 的胶片进行摄影的。对于连续喂入的场合，在涂上黑色的作物中放入若干涂上白色的用于进行摄影作物的。根据照片的分析，求出了脱粒室内的被脱粒物的瞬时速度和运动螺旋角。采用 8 mm 放映机的方法将胶片速度取 18 及 24 彗（形像）差，对于连续喂入的场合，把涂上红色的 1

捆作物放入材料中摄影,测定了被脱粒物的运动螺旋角和回转节距、凹板通过时间等,并算出平均速度。将贴上应变片的 3 根铁片安装在喂入口、中央部以及排出口的 3 处的凹板内表面上,应变片中的传感器记录传感时间、计量材料的滞留时间,求出轴向平均速度。

表 3.1　试验用作物的物理性能

被脱物的运动测定法		被脱粒物的运动测定试验			关于脱粒齿排列方法的试验			
		P	P&M	M&S	M&S			
试验用机种		CON40	CON20A	CON20&CYL	CYL			
作物		水稻		水稻		水稻		小麦	啤酒麦
品种		日本晴		秋晴	密阳 23	秋晴	密阳 23	格尔	泗川 2
水分 (%,w.b)	谷粒	11.30	12.80	11.60	12.10	15.50	23.00	27.70	12.00
	稻草	15.70	16.70	12.70	11.20	39.00	66.30	35.20	21.50
谷草比		1.18	0.91	1.02	0.89	1.15	0.53	1.39	0.92
千粒重/g		25.70	27.10	24.60	22.50	28.70	24.00	49.60	39.40
一根重/g		3.64	5.73	3.39	4.99	5.43	6.74	3.77	2.07
收割后草长/cm		88.00	94.00	83.00	102.00	88.00	90.00	79.00	81.00
对铁板的 动摩擦系数	谷粒	0.19	0.20	0.24	0.25	0.26	0.29	0.51	0.35
	稻草	0.24	0.24	0.27	0.31	0.31	0.39	0.45	0.36
对蜷曲网的 动摩擦系数	稻草			0.24	0.32	0.31	0.40	0.37	0.33

注：① P—频闪观测器摄影;S—应变计传感器;M—摄像机摄影。
② 所有数据为试验值。

2.　关于脱粒齿排列方法的试验

试验用样机是采用把全部固定脱粒齿卸下来的圆筒带叶片型轴流脱粒机 CYL。试验用作物的喂入速度和作物层厚度分别为 0.62 m/s 和 0.75 kg/m,以总流量 1.7 t/h 定量喂入。脱粒滚筒的转速在 400～800 r/min 的范围内变化。脱粒齿的排列方法采用了 4 种类型,如表3.2所示。被脱粒物的脱粒室内的运动由采用 8 mm 摄像机和传感器测定。

表 3.2　脱粒齿的排列方法

标记	重复数 N_r	螺旋角 $\psi/(°)$	导程 L_t/cm	节距 P_t/cm	总根数 N_t
S27	1	9.21	27	27	39
T27	3	9.21	27	9	117
S54	1	18	54	54	20
D54	2	18	54	27	39

3.2.4　试验结果和分析

1. 运动方程式的解

从理论分析推导的以脱粒滚筒和凹板状态决定的被脱粒物的运动方程式是非线性二元联立微分方程式,可用电子计算机求出数值解。δ 表示含有各种因素的复合性影响,由试验结果求得的值更接近于实际。本研究采用由赤濑和 Kutzbach 的实测结果进行模拟,K_1 可由式(3.42)计算得,k_2 取 -0.1,将 K_1,K_2 代入式(3.28)可计算 δ。

$$K_1 = 0.417\exp(-25\alpha^2) \tag{3.42}$$

运动方程式中的可控参数有 $\alpha, P_v, P_t, L_t, \omega_t, \omega_s, R_i, C_1, \xi, \dot{z}(0)$ 等,不可控制参数有 μ_s, μ_t, δ。为了研究各参数的影响,采用每次变化一个参数的方法进行计算,固定的其他参数的基准值为 $R_i = 275$ mm,$\delta = 0°$,$P_v = 27$ cm,$L_t = 27$ cm,$N_r = 1$,$\omega_t = 800$ r/min,$\omega_s = 160$ r/min,$\mu_s = 0.38$,$\mu_t = \mu_v = \mu_c = 0.35$,$C_1 = 16$ mm,$h_c = 4$ cm。脱粒齿和被脱粒物之间的排斥系数谷粒为 0.45,稻草为 0.05,假定为 $e = 0.2$,谷粒稻草比基准为 0.60。初始条件是被脱粒物和脱粒齿开始冲击之后 $t = 0$,$r(0) = R_i$,$\theta(0) = 0$,$\dot{\theta}(0) = e\omega_t$。

(1)机种

在不同的脱粒滚筒和凹板的圆锥角 α 下,不同凹板种类脱粒机的脱粒时间 t 与被脱粒物的轴向变位 z 之间的关系,如图 3.14 所示。$t-z$ 线图的倾斜度是表示被脱粒物的轴向速度,将图 3.14 进行图表微分,可得到 $t-\dot{z}$ 及 $t-\ddot{z}$ 线图。在全部机型中,被脱粒物初期的加速度较大。α 越大,其加速度也大,$\dot{z}$ 急剧增加。对圆筒型脱粒机而言,0.3 s 后 $\ddot{z}$ 大致为 0,$\dot{z}$ 是一定的。对没有叶片的圆筒半网型脱粒机而言,被脱粒物理论上也可在脱粒室内边回转边轴向移动。从研究的全部机型来看，被脱粒物的轴向运动受圆锥角的影响较大。

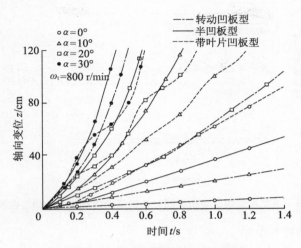

图 3.14 不同机型收割机 $t-z$ 线图

被脱粒物在脱粒室内的滞留时间 T 是随着 α 的减少相应增加，α 小于 10°时，T 急剧增加，特别是在使用圆筒型脱粒机的情况下 T 变长，即使在凹板漏下率提高的情况下流量也可能变少。带叶片型脱粒机呈现出大的运动状态的变化，这可能是由于作业层的搅动作用大引起的，但其 α 的影响比别的机型小。圆锥形脱粒机中半网型脱粒机的 T 最短，但圆筒带叶片型 T 最短。这是由于使用圆筒型脱粒机，叶片可促进被脱粒物的轴向移动，但对于圆锥形脱粒机当 α 变大时 $\dot{z}$ 的增加也变快，叶片限制被脱粒物的轴向移动。

被脱粒物的运动轨迹是把与凹板母线和与它相垂直的线所形成的角作为运动螺旋角 η，z 和 η 的关系如图 3.15 所示。使用半网型脱粒机时，α 越大，η 也增加。特别是在喂入口侧 η 急剧增加，但一定程度后 η 大致变为一个定值，被脱粒物在一定角度下描绘螺旋的情况下移动。所以，对 z 而言，η 是比较独立的，凹板的网孔设计比较容易。对于使用带叶片型脱粒机的场合，在凹板罩部分和网部分拥有某一循环的 η，α 越大其振幅越大，作物层的搅动也强烈。回转网型脱粒机的 η 比别的机型的小。

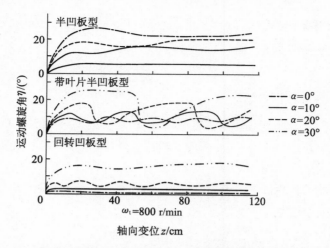

图 3.15 不同机型的脱粒机被脱粒物的运动螺旋角与轴向变位的关系

（2）罩的叶片节距

根据叶片节距 P_v 的变化，被脱粒物的轴向平均速度 $\dot{z}_m$（z 取值为 30 ~ 90 cm 时以 0.02 s 间隔的 $\dot{z}$ 的平均）的变化如图 3.16 所示。随着 P_v 的增加，$\dot{z}_m$ 大致呈线性增加，当 P_v 为 120 cm 以上时 $\dot{z}_m$ 与 α 有关，大致成为同一值。所以和 α 相比，带叶片型脱粒机的 $\dot{z}_m$ 受 P_v 的影响大，通过调节叶片的节距可简单控制被脱粒物的运动。图 3.16 中的虚线是使用没有叶片的半网

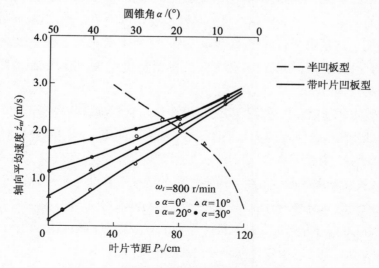

图 3.16 罩的叶片节距和轴向平均速度的关系

型脱粒机的情况,与 P_v 是 0 的带叶片型脱粒机相比,其 $\dot{z}_m$ 值大,随着 α 的减小,$\dot{z}_m$ 呈现线性减小;在使用圆筒型脱粒机的情况下,$\dot{z}_m$ 呈现出不连续地减少。

(3) 脱粒齿的排列方式

不同脱粒齿排列时间和轴向变位的关系,如图 3.17 所示。圆锥半网型和圆筒带叶片型脱粒机的脱粒齿的排列方法的运动变化都有类似的倾向,相同导程 L_t 情况下节距 P_t 小时,脱粒齿的根数 N_t 多,$\dot{z}$ 变快,T 变短。在相同的 P_t 条件下,虽然在 N_t 相等情况下,但 L_t 小的 $\dot{z}$ 变得最快。这说明 $\dot{z}$ 和 P_t 及 L_t 相比,它受到 N_t 的影响大,L_t 越大,F_t 的轴向分力变小,还说明被脱粒物没有沿着脱粒齿的排列螺旋按顺序移动。

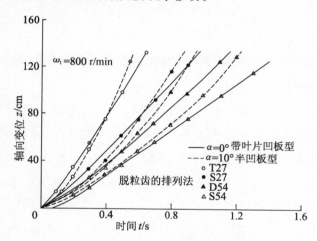

图 3.17　不同脱粒齿排列时间与轴向变位线图

(4) 脱粒滚筒和凹板的转速

凹板和脱粒滚筒的转速比 ω_s/ω_t 与被脱粒物的轴向平均速度 $\dot{z}_m$ 的关系如图 3.18 所示。这里 ω_s/ω_t 为负值表示脱粒滚筒和凹板的回转方向相反,0 表示凹板不回转的情况。对于圆筒型脱粒机当 ω_s/ω_t 大于 0.2 时,理论上被脱粒物的轴向移动是不可能的,当 ω_s/ω_t 小于 0.2 时,随着速度比的减小,相应 $\dot{z}_m$ 变大。圆锥形脱粒机是根据 α 在某一速度比情况下 $\dot{z}_m$ 变为最小,在比其速度大或者小的情况下 $\dot{z}_m$ 是增加的。这个 $\dot{z}_m$ 变为最小的速度比是 ω_t 为 800 r/min 时,α 为 10°和 20°时速度比是 0.3,α 为 30°时是 0.1。当 ω_s

增加时,也会相应增加离心加速度,图 3.12 e 的摩擦角变小,阻力 $\mu_s F_s$ 的轴向分力变大, $\dot{z}$ 减小。但当 ω_s 变化更快, $r\omega_s$ 大于 $r\dot{\theta}$ 时, $\mu_s F_s$ 的轴向分力减小。

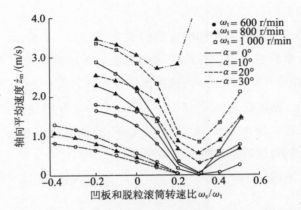

图 3.18　凹板和脱粒滚筒的速度比和轴向平均速度的关系

（5）接触面的阻力系数

图 3.19 所示为被脱粒物和凹板网之间的阻力系数 μ_s 和 $\dot{z}_m$ 的关系曲线,被脱粒物和铁质凹板筛之间的动摩擦系数是除了 μ_s 为 0.03 以外时的一例。就全部机型而言,随着 μ_s 的增加,相应地 $\dot{z}_m$ 减小。和圆筒型脱粒机相比,圆锥形脱粒机由于 μ_s 的增加所引起的 $\dot{z}_m$ 的减小更多。这是由于作物水分增加时,摩擦系数也相应增加,这就说明圆锥形脱粒机的脱粒性能受水分影响大。但被脱粒物的轴向移动速度不可能因 μ_s 随着 α 的增加相应地变大,半网型的场合,对高水分的作物而言,圆锥形的处理可能流量大。比较圆筒型的带叶片型和半网型, μ_s 为 0.3 时, $\dot{z}_m$ 大致同值,在 μ_s 小于 0.3 没有叶片的场合,在 μ_s 大于 0.3 有叶片的场合, $\dot{z}_m$ 增大。这是由于 μ_s 小时 $\dot{z}$ 变快,叶片起到限制被脱粒物轴向移动的作用。 μ_s 大时 $\dot{z}$ 变慢,这是由于叶片促进被脱粒物的轴向移动。所以,带叶片型脱粒机对作物水分的适应性强。

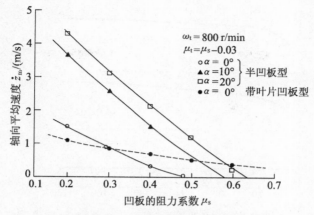

图 3.19　接触面的阻力系数和轴向平均速度的关系

2. 理论值和实测值的比较

根据频闪观测器拍摄的照片可知,相对于谷粒的无规则运动而言,稻草的运动是比较有规则的。用频闪观测器得到的被脱粒物的 z 和 $\dot{z}$ 的实测值及用理论公式计算的曲线,如图 3.20 所示。实测值的分散（误差）大,呈现出比理论值稍微大的倾向。这可能受到 CON20A 的脱粒滚筒上附着的螺旋叶片的影响。图 3.21 所示为 $\omega_t = 800$ r/min 下,测定被脱粒物的运动螺旋角 η 的理论值与实测值的比较。和瞬时速度一样, η 分散程度也大,但其平均值只是稍微偏离实线的理论值,在 CYL 的网部分实测的 η 比理论值稍微小一些。

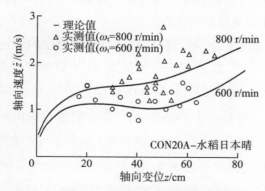

图 3.20　轴向瞬时速度的理论值和实测值的比较

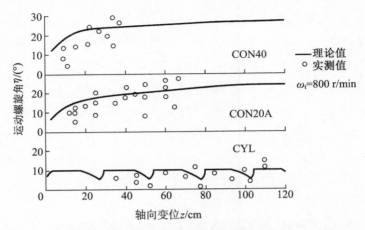

图 3.21　被脱粒物的运动螺旋角的理论值和实测值的比较

被脱粒物的脱粒室内的回转圆周速度 $r\dot\theta$ 和脱粒齿的圆周速度 $R_t\omega_t$ 之间的关系,当其为圆锥形时理论值与 α 无关,同时 $r\dot\theta$ 约是 $R_t\omega_t$ 的 33%,圆筒带叶片型的场合在 20% ~ 28% 范围。根据实测值,CON40 的场合有10% ~ 30%,CON20 的场合有 24% ~ 40%,脱粒滚筒速度慢的场合和 CYL 场合的实测值呈现出比理论值小的特性。

实测被脱粒物在脱粒室内的滞留时间 T 的结果随着 ω_t 的增加而相应减小。但实测值的分散程度大,呈现出比理论值大的倾向。这是由于喂入的作物在脱粒室内不连续流动所造成的。特别是连续喂入时的 T 的实测值非常不规则,这时需要更精密的计测方法。

根据脱粒滚筒速度,对被脱粒物的轴向平均速度的理论值和实测值做了比较,其结果如图 3.22 所示。由图可知,对于 CON40 的场合,$\dot z_m$ 的理论值比实测值大 0.3 ~ 0.4 m/s;对于 CON20 的场合,相反 $\dot z_m$ 的实测值比理论值约大 0.15 m/s。这是由于 CON20 的场合受到脱粒滚筒的螺旋叶片的影响。但由于 ω_t 的变化所引起的理论值和实测值的差异是大致一定的。对于 CYL 的场合,脱粒齿排列引起的 $\dot z_m$ 的大小是理论值和实测值按 T27,S27,D54,S54 的顺序变小,即 L_t 越小,F_t 的轴向分力越大,图 3.22 所示 $\dot z_m$ 的顺序变化。可是水稻的理论值和实测值的差异是比小麦的大。这是圆筒型的 δ 是由圆锥形的模拟的值,特别是水稻密阳 23 脱粒机的脱粒率非常高,碎草的发生也多,所以在喂入侧通过网孔漏下量多。所以,理论式中也要考虑作物的物理性能和凹板漏下量的影响。根据脱粒齿的排列方法,$\dot{z}_m$ 的理论值和实测值的差异最大的是导程 27 cm 的 3 行排列 T27,对小麦来说,其他排列的理论值和实测值大体一致。这是因为 T27 排列的脱粒齿根数多,被脱粒物沿着脱粒齿排列移动的少。

关于被脱粒物的理论值和实测值的关系,综合考虑各因素,由于机种、脱粒齿排列方式、脱粒滚筒转速等的参数的变化,被脱粒物的运动变化的倾向和理论值的变化倾向相一致,但被脱粒物的

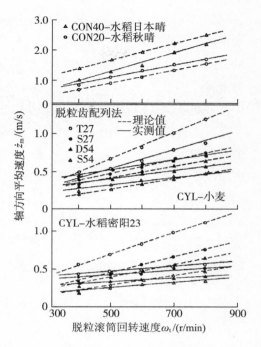

图 3.22　轴向平均速度的理论值和实测值的比较

轴向速度一般来说是实测值比理论值小。这个差异是由于理论式中不包含凹板漏下流量、作物的物理性能、稻草的长度、空气阻力等的影响。在脱粒滚筒速度为600 r/min的情况下,空转时测定 CON27A 机型的凹板外表面的空气速度的结果,表示在喂入口侧吸入空气,排出口侧排出的情况,此外凹板中央部约有 3 m/s 的低速,排出口有 4～7 m/s 的高速。因此,要通过喂入量等各种因素的试验修正 δ 的推断式,则可更准确地推断脱粒室内的被脱粒物的运动。

3. 被脱粒物的运动对脱粒性能的影响

脱粒齿的排列方法影响 4 种作物的脱粒率和谷粒漏下率,如图 3.23 所示。水稻密阳是容易脱粒的品种,在试验范围内其脱粒率和谷粒漏下率都大于99%。将 CYL 机型脱粒机的固定脱粒齿全部卸下来后试验的结果显示,其他作物的脱粒率低,谷粒漏下率也低,谷粒损失多。根据脱粒齿排列方式对脱粒性能的比较,就脱粒率而言,P_t 最小,N_t 大的 T27 排列最高。在 P_t 和 N_t

相同的情况下,对于小麦和水稻秋晴而言,其 L_t 大的脱粒率高,而啤酒麦和水稻密阳分别呈现出相反的情况。脱粒齿的导程对脱粒的影响还没有弄清楚。因此,可认为脱粒齿的根数越多,即脱粒齿的作用力越大,脱粒率相应地越高。

　　一般来说,脱粒率越高,谷粒漏下率也相应越高,如图 3.23 所示,但有时不完全是这样的,这可能是受到其他因素的影响。当 P_t 和 N_t 相同时,L_t 大的谷粒漏下率高。这是因为当 P_t 和 N_t 相同时,在脱粒齿的作用时间比相同的情况下,L_t 越大时 δ 变小,F_t 的轴向分力变小,被脱粒物的轴向速度变慢,因而可提高谷粒的漏下率。

　　总的来说,由于没有按图 3.22 所示被脱粒物的轴向速度的快慢顺序表达图 3.23 所示的脱粒性能发生变化,所以不能只是被脱粒物的轴向速度来表示脱粒性能。因此,需要进行脱粒性能的理论分析。

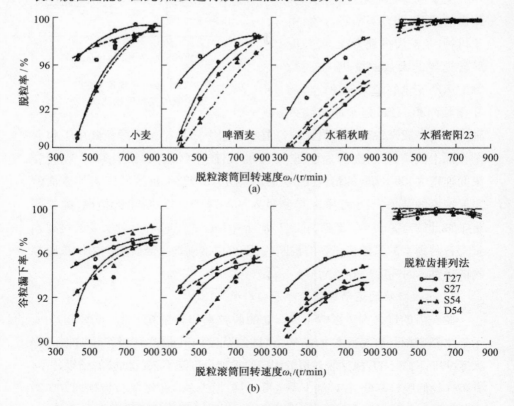

图 3.23　不同脱粒齿的排列方式下,脱粒机的脱粒率和谷粒漏下率与 ω_t 的关系

3.2.5 结论

为了预测有关轴流脱粒机的设计和性能参数,本研究对脱粒室内的被脱粒物的运动做了理论分析,根据其数值解和实测值比较的结果,得到如下结论:

① 被脱粒物的回转圆周速度及运动螺旋角的实测值接近于理论值。

② 圆锥角越大,被脱粒物的轴向速度越快,但对于带叶片型脱粒机,圆锥角的影响小,通过调节叶片的节距可控制运动。

③ 随着被脱粒物和接触表面之间的阻力系数的增加,轴向速度减小,且圆锥形脱粒机的脱粒性能受其影响大。此外,带叶片型脱粒机对作物水分的适应性强。

④ 由脱粒齿排列方式引起的脱粒性能和被脱粒物运动之间的关系还未弄清楚。

3.3 联合收割机清选系统谷粒流模型[7]

本节根据谷粒在清选系统中经颖壳筛筛选后的一次谷粒流和二次谷粒流的分配率及作为清选损失的三次谷粒流的质量,及其在输送过程中的时间滞后,建立了谷粒流模型,对半喂入联合收割机的清选系统进行了研究。在本研究中,以脱粒后分离到振动板上的谷粒为输入流量,以输入到粮箱中的谷粒为输出流量。为使同一参数在室内试验中忽略作为三次谷粒流的清选损失,当向清选系统供给一定的谷粒流量时,只用流量传感器测得一次谷粒流和二次谷粒流的流量,弄清供试联合收割机各路谷粒流所需时间及清选筛叶翅不同开度所对应的分配率。

3.3.1 序言

在田间对每地块测定土壤的肥沃度、作物的生育量和作物的收获量等,以便进行局部栽培管理的精密农业的研究(chosa, et al,2002)。精密农业是根据作物的生育环境和生育适应性来管理,解决因资材投入减少引起生长不均带来的质量稳定问题,或须由于它的影响,环境保护和经营改善问题也正受到期待（Umeda，et al，1999a，1999b）。Ryu 等利用近红外线成像技术预测了氮的含量，调查了进行可变施肥对稻米的收获量和食味的影响（2005）。Inamura 等（2004）在对水旱轮引起稻米产量变化原因的土壤特性值和氮肥施用量等进行测定的同时，还利用能进行收获量检测的联合收割机（下称收量联合收割机）测定了稻谷收获量。

如上所述，为了调查不同施肥量的作物的收获量是否同步变化，开发了收量联合收割机对田间作物的收获量的变化进行了测定。收量联合收割机在作业中不但记录所在位置的信息，同时还测定了谷物的收获量，求出了单位面积的产量，并根据这些数据生成了收获量地图。这个收获作业中获得的地图不仅可作为作物生长和管理过程评价，还可作为下一年度制订施肥和管理方案的依据（Chosa，et al，2002）。一般情况下，使用冲击式传感器（Shoji，et al，2002；Iida，et al，2004）、光学式传感器和重量传感器（Chosa，et al，2002）、压电元件（Matsui，et al，2002）测定进入粮箱的谷粒流量作为收获量。为此，传感器安装在伸入粮箱的送谷搅龙上。所以，谷粒从作物割下开始，经过了收割部的前处理输送、脱粒、清选及谷粒输送直至进入粮箱过程中生成时间滞后现象。Searcy 等（1999）对从前处理到流量传感器的时间滞后中无用的时间进行了修正。用安装在送谷搅龙上的冲量式传感器对作者等开发的收量联合收割机进行了收获量的计测（Iida，et al，2004）。清选系统有向粮箱输送的谷粒流（下称一次谷粒流）和返回振动板的谷粒流（下称二次谷粒流）两部分谷粒流，由于供试联合收割机以颖壳筛叶翅开闭来进行清选控制，所以流量是时刻变化的。正如对通用型联合收割机的研究所指出的那样，对于制作收获量地图而言，联合收割机内部的谷粒循环是不可忽视的误差因素（Blackmore，et al，1996；Maertens，et al，2001a，2001b）。因此，为了正确地预测收获量，必须搞清联合收割机内部的谷粒循环。

本研究为了显示谷粒在联合收割机清选系统内部的流动状况，用谷粒流动时间的滞后、清选筛筛选后的一次谷粒流和二次谷粒流的比例（以下称分配率）及三次谷粒流（即清选损失）做成了模型。这个模型以脱粒后分离到振动板上的谷粒为输入流量，以送入粮箱的谷粒为输出流量。为了测定这个模型的参数本研究进行了室内试验，搞清了各路谷粒流的时间滞后和筛后的分配率。由于三次谷粒流损失与一次谷粒流、二次返回谷粒流相比十分小,在本次模型的试验验证中忽略不计。

在试验中,为了测定筛后的一次和二次返回谷粒流的分配率,将一定流量的稻谷直接供给了振动板。但在收割机实际作业中,振动板上的谷粒是和稿屑等混在一起的,在稳定的清选状态下,由于离心风扇和吸引风扇的作用,已从三次出口将稿屑排出,稿屑对通过颖壳筛的谷粒流量的影响很小,可忽略不计。

3.3.2　试验装置和方法

1. 供试联合收割机的构造

试验在三菱农机(株)VY48G,功率为 35.3 kW(48 马力)的 4 行半喂入联合收割机上进行。供试联合收割机的清选控制装置是标准的。在该收割机的清选系统中,振动板上的谷粒量是适当的,颖壳筛叶片的开闭用直流电机控制,向振动板上返回的谷粒量能调整。

联合收割机的脱粒和清选系统的结构如图 3.24 所示。禾秆经前处理输送到脱粒部,在运送状态下由脱粒滚筒脱粒。脱下的谷粒和打碎的茎秆

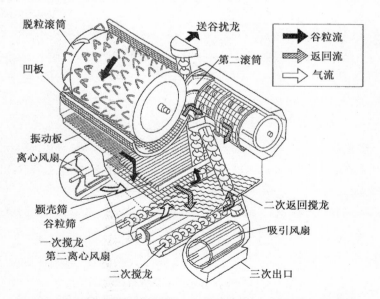

图 3.24　供试联合收割机的脱粒和清选系统结构(三菱农机(株)提供)

从凹板筛漏下到振动板上。从凹板漏下但没有打碎的茎秆和断穗被送进第二滚筒脱粒。振动板上的谷粒因振动板振动送向颖壳筛,在这里经筛选,饱满的谷粒从颖壳筛落到了一次搅龙,并由送谷搅龙送入了粮箱(一次输送)。清选不充分适合再处理的断穗和茎秆中夹带的谷粒被送到颖壳筛的后部落入二次搅龙,二次返回搅龙再将其送入振动板(二次输送)。由颖壳筛清选和第二滚筒打碎的茎秆屑等由吸引风扇吸入并从三次出口排出机外。

2. 清选系统的谷粒流模型

清选系统谷粒流模型如图 3.25 所示。因颖壳筛筛选引起的分配率 ε,是二次返回的谷粒流量与振动板上的谷粒流量之比。分配率 ε 虽然是量的比率,但也说明通过颖壳筛再返回振动板的谷粒流量和从脱粒室输入的谷粒流量之间存在的时间差,谷粒最终都汇集在振动板上。这样的情况连续产生,说明谷粒流量是时间的函数,谷粒流模型如图 3.25 所示。

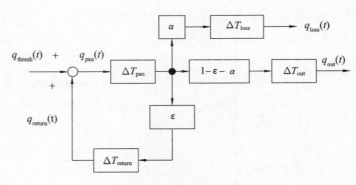

t—时间,s;$q_{\text{thresh}}(t)$—从脱粒室经凹板筛漏到振动板上的谷粒流量,kg/s;$q_{\text{pan}}(t)$—振动板上的谷粒流量,kg/s;$q_{\text{out}}(t)$—送入粮箱的谷粒流量,kg/s;$q_{\text{return}}(t)$—返回振动板的谷粒流量,kg/s;$q_{\text{loss}}(t)$—从吸引风扇排出机外的谷粒流量(三次谷粒流量),kg/s;ΔT_{pan}—谷粒从振动板振动输送到颖壳筛所需的时间,s;ΔT_{out}—从振动筛输送到粮箱所需的时间,s;ΔT_{return}—从颖壳筛再返回到振动板所需的时间,s;ΔT_{loss}—从颖壳筛排出机外的时间,s;ε—因颖壳筛筛选引起的分配率;α—三次输送谷粒损失率

图 3.25　联合收割机清选系统谷粒流模型

根据输送时间的滞后,各部件谷粒流量的关系可由式(3.43)-(3.46)表示:

$$q_{pan}(t) = q_{thresh}(t) + q_{return}(t) \qquad (3.43)$$

$$q_{out}(t + \Delta T_{out}) = (1 - \varepsilon - \alpha) q_{pan}(t - \Delta T_{pan}) \qquad (3.44)$$

$$q_{return}(t + \Delta T_{return}) = \varepsilon \cdot q_{pan}(t - \Delta T_{pan}) \qquad (3.45)$$

$$q_{loss}(t + \Delta T_{loss}) = \alpha \cdot q_{pan}(t - \Delta T_{pan}) \qquad (3.46)$$

式(3.43)表示振动板上的谷粒流量是脱粒室输入的谷粒流量与二次返回的谷粒流量之和。式(3.44)表示了减去因颖壳筛筛选产生的二次返回流量和三次损失流量之后可求得的一次流量。本模型中供试联合收割机的三次损失流量与一次流量、二次返回流量相比数量很小,因此可将 ε 看作0。因此将上面公式进行拉普拉斯变换后可写成:

$$Q_{pan}(s) = Q_{thresh}(s) + Q_{return}(s) \qquad (3.47)$$

$$Q_{out}(s) e^{\Delta T_{out} s} = (1 - \varepsilon) Q_{pan}(s) e^{-\Delta T_{pan} s} \qquad (3.48)$$

$$Q_{return}(s) e^{\Delta T_{return} s} = \varepsilon Q_{pan}(s) e^{-\Delta T_{pan} s} \qquad (3.49)$$

由式(3.48)和式(3.49)可得

$$(1 - \varepsilon) Q_{return}(s) e^{\Delta T_{return} s} = \varepsilon Q_{out}(s) e^{-\Delta T_{out} s} \qquad (3.50)$$

再对式(3.49)和式(3.50)做拉普拉斯逆向变换,则可求得分配率 ε,即

$$\begin{aligned}
\varepsilon &= \frac{q_{return}(t + \Delta T_{return})}{q_{pan}(t - \Delta T_{pan})} \\
&= \frac{q_{return}(t - \Delta T_{return})}{q_{return}(t + \Delta T_{return}) + q_{out}(t + \Delta T_{out})}
\end{aligned} \qquad (3.51)$$

3. 流量传感器的配置

如前所述,测定了一次输送和二次输送的谷粒流量,若考虑到输送时间的滞后,即可求得经颖壳筛筛选后的分配率。因此,为了测定进入粮箱的谷粒流和二次返回的谷粒流,在一次输出口加装了流量传感器(Iida, et al, 2004),并重新在二次返回搅龙上部安装了二次返回流量传感器(见图3.26)。这些流量传感器是通过累计因旋转搅龙的离心力抛出谷粒时冲击传感器的力来检测流量的冲量式传感器。

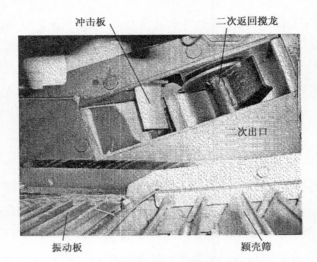

图 3.26　装于二次返回搅龙上部的二次返回流量传感器

在流量传感器上,使用了装有适用于谷粒用冲击板的测力传感器(共和电业(株),LUB-S-100 NS15,额定容量为 100N(10.2 kg/f),额定输出为 2 mV/V)。2 个流量传感上使用的测力传感器是相同的,但冲击板的形状因一次出口和二次出口的形状不同而有所区别。另外,为了减少因摩擦引起的磨损,二次返回流量传感器使用了高分子树脂制作的冲击板。

为了提高测力传感器的输出,使用了应变放大器(共和电业(株),WGA-100B-10)。经放大器放大,当额定流量为 50 N 时,一次出口流量传感器的输出调整为 5 V;当额定容量为 100 N 时,二次返回流量传感器的输出调整为 5 V。

4. 试验方法

(1) 二次返回传感器的验证

采用与前述验证一次出口流量传感器同样的方法,对二次返回流量传感器进行验证。验证试验装置如图 3.27 所示。

从联合收割机卸下振动清选装置,以消除离心风扇等气流的影响,出风口用盖板遮盖。用皮带输送机(小型皮带输送机),直接把稻谷供给二次搅龙。皮带输送机使用 ON – OFF 的断电器回路由计测用计算机控制。试验用稻谷品种为南光,含水量为 14.4%w.b ~ 15.5%w.b。按确定的流量、相同的排列方式和相同的速度由输送带直接供给稻谷。二次返回流量在颖壳

筛闭合时,输入的谷粒流量原封不动地返回,若与振动板上输入的流量合并
计算,则变成2倍流量,再做二次返回。因此,联合收割机在每地段收获量为
700 kg 的田块上,以 1. 2　m/s 的速度收割时,联合收割机的流量约为
1. 2 kg/s,稻谷的供给流量应为它的 2 倍,即 0. 25　~ 2. 5 kg/s 的范围内
供给。

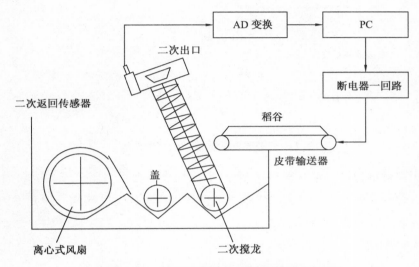

图 3.27　二次返回流量传感器的验证试验装置

另外,输送带到搅龙的高度为 30 cm,从输送带到搅龙的稻谷到达的时
间和流量要预先测定。

二次返回流量传感器的输出电压,做和一次出口传感器同样的信号处
理(Iida, et al,2004)。为了防止混淆,通过应变放大器内的低压滤波器(保
险装置周波为 300 Hz)的信号,以脉冲周期为 1 kHz 做 AD 变换,继而用低压
滤器数字化处理,由计算机记录下来。时间由计算机内的时钟测定。稻谷
从二次搅龙到二次出口流量传感器显示信号的时间作为二次输送时间
ΔT_{return} 求得。

(2) 分配率和时间滞后的测定试验

为了求得因颖壳筛引起的分配率和从振动板向各处输送的时间滞后
($\Delta T_{pan} + \Delta T_{out}$ 和 $\Delta T_{pan} + \Delta T_{return}$),按如图 3. 28 所示测定方法进行了试验。
将取下的振动筛装在联合收割机上,取下离心式风机的盖板使清选室

畅通。

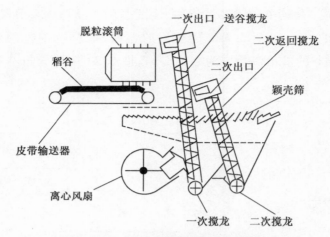

图 3.28　分配率和时间滞后的测定方法

用皮带输送器将稻谷直接送到振动板上,测定经颖壳筛筛分后的一次出口谷粒流量和二次出口谷粒流量并用计算机记录。颖壳筛的叶翅开度用安装在联合收割机上的刻度盘,从闭合到全开共 11 挡(以下称叶翅开度顺序)按顺序调整。颖壳筛叶翅的开度和漏下面积的关系如图 3.29 所示。用电机按顺序开闭 11 片叶翅,实测每片叶翅下侧的间隙,求得漏下面积。这些叶翅可看作 3 部分(前部、中部和后部),用凸轮机构按顺序将叶翅打开到同样开度,但漏下的面积是不同的。

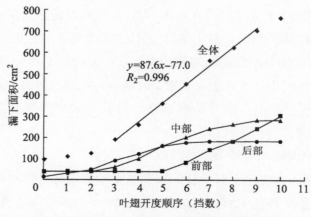

图 3.29　叶翅的开度顺序和筛子漏下面积的关系

正如图 3.29 所示,由于叶翅按顺序开到 2 挡时还处于闭合状态,因此试验中测定的范围从 3 挡开始共 9 挡。通常水稻收获时叶翅的开度为第 6 挡。

由颖壳筛分选产生的分配率,可根据一次出口流量传感器和二次出口流量传感器的测定结果求得。对于稻谷的供给流量,按前述收获作业时同样的条件,联合收割机稻谷的供给流量为 1.2 kg/s 左右,依次从 0.1 ~ 1.4 kg/s 进行试验。

对于输送时间的滞后,可从皮带输送器向振动板供给稻谷开始,至一次出口流量传感器和二次返回流量传感器信号发出为止所需的时间求得。

3.3.3　试验结果和分析

1. 二次返回流量传感器的校准结果

图 3.30 显示了二次流量传感器的输入电压和稻谷的供给流量之间的关系。其决定系数是 0.984,说明流量传感器的输入电压和稻谷供给量的关系度很高。因此,可认为检测出的谷粒二次返回流量的精度很高。另外,在 0.2 ~ 1.5 kg/s 供给时的二次输送所需要的时间 ΔT_{return} 平均为 2.6 s。

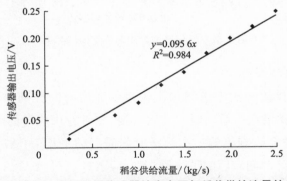

图 3.30　二次返回流量传感器输出电压与稻谷供给流量的关系

2. 颖壳筛的分配率

为了测定因颖壳筛筛选产生的分配率,也使用了送谷搅龙一次流量传感器进行测定。图 3.31 表示对每种供给流量测定了叶翅开度顺序和分配率的关系。其结果表明,叶翅开度在 3 ~ 6 挡内,二次输送落下的谷粒流量按叶翅开度顺序成比例地减少了。另外,当叶翅开度顺序超过 6 挡以后,80%

的稻谷流向一次输出口,但相对于挡数顺序的变化,分配率的变化很小。其主要原因是由于叶翅开度从 3 挡开始的 9 个挡中,筛子整体漏下面积呈线性变化,但在构成颖壳筛的 3 个部分(前部、中部和后部)中,相对于叶翅开度顺序,不同挡位漏下面积不一样。直至叶翅开度第 6 挡,由于中部和后部漏下面积开始呈线性变化,所以分配率和叶翅的开度成比例。由于叶翅在 7 挡以后几乎全开,谷粒从后部叶翅几乎全部漏完。因此,可以认为,叶翅开度超过 6 挡以后,出现了 80% 的稻谷从一次出口流出的现象。

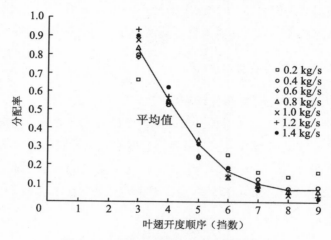

图 3.31　叶翅开度顺序与分配率的关系

3. 输送的时间滞后

由试验测得的一次输送和二次输送的滞后时间分别如图 3.32 和图 3.33所示。这些输送所需的时间大致不变,与谷粒供应量的增大无关。其结果是,供试联合收割机的一次输送时间滞后的平均值($\Delta T_{pan} + \Delta T_{out}$)是 6.0 s。二次输送时间滞后的平均值($\Delta T_{pan} + \Delta T_{return}$)是 6.3 s。上述的试验结果 $\Delta T_{return} = 2.6$ s,所以 $\Delta T_{pan} = 3.7$ s,$\Delta T_{out} = 2.3$ s,因此供试联合收割机各路输送所需的时间就清楚了。

若将流入粮箱的谷粒数据用清选装置的分配率和输送时间的滞后来修正,则可准确推断脱粒分离到振动扳上的谷粒流量,做出更精确的收获量地图。

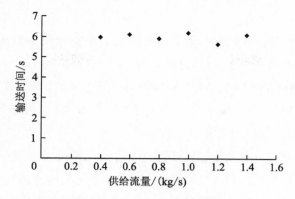

图 3.32　从振动板到一次流量传感器的输送时间

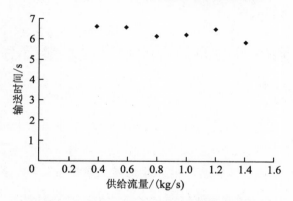

图 3.33　从振动板到二次流量传感器的输送时间

3.3.4　结论

为了理清半喂入联合收割机清选系统中谷粒流的情况,本研究根据(谷粒)输送的时间滞后、颖壳筛筛选后的分配率、三次谷粒损失率等要素制作了谷粒流模型。经室内试验表明,三次谷粒损失率很小,可以忽略不计,实际试验中求得了模型的时间滞后和分配率,其主要内容归纳如下:

① 为了检测二次返回流量,开发了二次流量传感器。这个流量传感器在稻谷供给量为 0.25 ~ 2.5 kg/s 的范围内显示了其高灵敏度,判定系数为0.984。

② 谷粒从振动板到二次返回传感器所需时间平均为 6.3 s。其中从振动板到颖壳筛的时间平均为 3.7 s,从颖壳筛到二次流量传感器所需时间

为 2. 6 s。

③ 同样地,谷粒从振动板到送谷搅龙的一次流量传感器所需平均时间为 6. 0 s,从颖壳筛到一次流量传感器的时间平均为 2. 3 s。

④ 颖壳筛筛选谷粒的分配率在稻谷供给量为 0. 1 ~ 1. 4 kg/s 的范围时,叶翅开度到第 6 挡之前呈比例变化。超过第 6 挡时,相对于漏下面积的变化,从一次出口流出的流量变化很小。

综合以上结果,可以认为联合收割机清选系统的谷粒流的情况已经清楚了。使用本研究提出的谷粒流模型,对清选系统的时间滞后和分配率,可用流量传感器计测的数据对其进行修正,收获量地图精确度将不断提高,精密农业管理将得以实现。

3. 4 用有限体积法的联合收割机脱粒装置分选风速的数值分析[8]

为了提高联合收割机脱粒装置的分选精度,应掌握谷粒和碎草的飞散特性及需要适当调节风车风扇出来的清选风的风速矢量分布。特别是为了改善分选风的分布,掌握风速矢量分布是至关重要的。本研究中以弄清分选室内的风速矢量分布为最终目的。为此建立了假想对谷粒飞行影响大的分选室内部的模型,对其进行了数值分析。分析时把分选风假定为二元恒定的非压缩性黏性流体,采用有限体积法开发程序后进行计算。把得到的结果、PIV(粒子画像流速测定法)分析结果及用热线风速计的实测值进行了比较,结果表明其精度相当高,确认了 FVM 分析结果的妥当性。

3. 4. 1 序言

为了提高联合收割机脱粒装置的分选精度,掌握谷粒和碎草的飞散特性及适于调节对谷粒和碎草给予阻力和升力等代表外力的分选风风速矢量分布是重要的。可是采用传统方法试验测定代表点的风速,数据采样时产生计测误差及不能全面掌握风速矢量分布等问题(JSME,1994)。若能掌握风速矢量分布,可考虑在分选室内对各位置上的风速矢量的稻谷进行飞行模拟(Matsui, et al,2004a,2004b),可在计算机上对分选状况加以研究,试制样机后在田间试验来验证,这样可简化开发过程。这样可缩短开发期间,降低开发费用,对于在田间试验时和用户使用时的分选不良等情况,也可采取有效改善措施。

用于流动分析的数值计算法有差分法(Smith,1985;Duchateau 和 Zachmann,1989;Lamax,et al,2001)和有限元法。差分法是把流动场的对象区域分割成格子,在这个格子点上求出近似于支配方程式的差分方程式的解来做分析的方法。差分法有 Toylor 展开法和控制体积法,Toylor 展开法称为有限差分法,控制体积法称为有限体积法。有限差分法是把微分方程式中出现的微分项利用级数展开后表现的方法;而有限体积法是为使满足动量和质量的守恒定律,用积分方式把基础方程式离散化的方法。另外,有限元法是以求出参数精度的近似函数来表现,把系数的大小在每微小区域内利用迭代法等来决定的方法。该方法在对机械构造零件和混凝土或者钢构造物、土等的变形或者强度分析的场合用得多,近年对流体分析的应用方面也积极开展了研究。一般来说,有限差分法和有限体积法是形状适应性差,但计算效率高,有限元法是形状适应性好,但需要计算的时间长,计算机内存大。

考虑到这些因素,本研究中以弄清分选室内的风速矢量分布为最终目的,建立了对谷粒的飞行影响大的分选室内部的模型,并对其进行了数值分析。分析中把分选风假定为二元恒定的非压缩性流体,用有限体积法进行计算。对得到的结果和 PIV 分析结果及红外线风速计的实测值(Matsui,2003)做了比较,研究了模型及分析结果的适用性。

3.4.2　试验方法

1. 有限体积法(Finite Volume Method,简称 FVM)

压缩性的影响和马赫数的乘方成正比。扇车内部的气流速度最高时约为 20 m/s,远远小于音速,可以将其看作非压缩流体(Maeda,2002;Koshizuka,2002)。本研究中把扇车的分选风作为非压缩性黏性流体来计算。二元恒定的非压缩性黏性流动中的连续性方程和运动方程表示如下。

连续性方程:

$$\frac{\partial u}{\partial x} + \frac{\partial v}{\partial y} = 0 \tag{3.52}$$

X 方向的运动方程：

$$\frac{\partial}{\partial x}(uu) + \frac{\partial}{\partial y}(vu) = -\frac{1}{\rho}\frac{\partial p}{\partial x} + \frac{\partial}{\partial x}\left(\varepsilon_H \frac{\partial u}{\partial x}\right) + \frac{\partial}{\partial y}\left(\varepsilon_V \frac{\partial u}{\partial y}\right) \tag{3.53}$$

Y 方向的运动方程：

$$\frac{\partial}{\partial x}(uv) + \frac{\partial}{\partial y}(vv) = -\frac{1}{\rho}\frac{\partial p}{\partial y} + \frac{\partial}{\partial x}\left(\varepsilon_H \frac{\partial v}{\partial x}\right) + \frac{\partial}{\partial y}\left(\varepsilon_V \frac{\partial v}{\partial y}\right) \tag{3.54}$$

式中：u——X 方向的流速，m/s；

v——Y 方向的流速，m/s；

p——压力，Pa；

ρ——密度，kg/m^3；

ε_H——水平方向的涡流黏性系数，m^2/s；

ε_V——垂直方向的涡流黏性系数，m^2/s。

（1）基础方程式的离散化

有限体积法把要得到的流动场分割为格子状，考虑格子围起来的微小区域的动量等的出入，得到满足守恒方程的离散式。

交错格子是以格子围起来的微小区域的中心，配置如图 3.34 所示的压力等无向量变数，各边界上配置和它相垂直的流速分量。式（3.53）及式

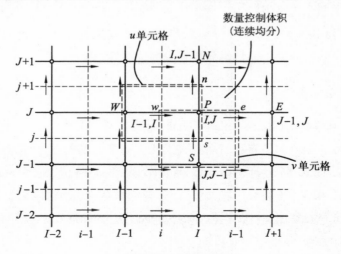

图 3.34　交错格子

(3.54)的X,Y方向的运动方程式是根据交错格子分别积分左边第一项、第二项的对流项,右边第二项、第三项的扩散项,求出运动方程式的离散式。

运动方程式的离散式中的压力梯度项$-\dfrac{\partial p}{\partial x}$, $-\dfrac{\partial p}{\partial y}$是各运动方程式在积分区域(控制体积)上作用于单位面积上的压力差$p_w - p_e$, $p_s - p_n$。为了用格子点上压力来表示,控制体积的边界面e和w,若n和s是处于单元格点间的中央,则$p_w - p_e$, $p_s - p_n$是可用$p_W - p_E$, $p_s - p_N$来表示。

$$p_w - p_e = \frac{p_W + p_P}{2} - \frac{p_P + p_E}{2} = \frac{p_W - p_E}{2} \qquad (3.55)$$

$$p_s - p_n = \frac{p_S + p_P}{2} - \frac{p_P + p_N}{2} = \frac{p_S - p_N}{2} \qquad (3.56)$$

式中参数的下标:P——各控制体积的中心;

$\qquad N,S,E,W$——P的邻接点;

$\qquad n,s,e,w$——控制体积的边界面。

式(3.55)及式(3.56)表示的不是运动方程式结邻的单元格点间,而是表示隔一个格子点间的压力差,实质上采用了大的单元格。这就说明它使解的精度降低,使用了离散化的运动方程式。图3.35中把不均匀的压力场作为均匀的压力场来使用的,也就是说容许了振动解。把连续式离散化时也发生同样的问题(Patankar,1980),但用交错格子后可避免出现振动解。

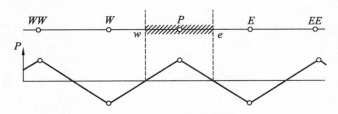

图3.35 用数值计算压力的振动

在一边注视X方向动量的控制体积(见图3.35 u单元格)和对于Y方向动量的控制体积(见图3.35 v单元格),在一边注视u,v的位置的同时,对于主单元格点P周围的控制体积,分别相互错开设定后把各运动方程式进行离散化。在X方向边界面通过P和W,在Y方向边界面通过P和S,其压力差为$p_P - p_W$, $p_P - p_S$,把它作为结邻单元格点间的压力差来使用。

根据以上条件,对式(3.53)及式(3.54)进行积分后归纳各项,这时对各风速的系数设为 a,计算 a 时采用混合法。混合法是把表示对流和扩散强度比的佩克莱特数 Pe(Pe 与对流项系数和区域的长度成正比,与对扩散系数成反比)的取值范围为 $-2 \leqslant Pe \leqslant 2$(低雷诺数),即对流和扩散比较小的时候,采用中心差分来取值;当佩克莱特性数 $Pe < -2$,以及 $Pe < 2$,即对流成分大时,可取把扩散为 0 的 1 次精度的风上差分的值。

由式(3.53)及式(3.54)所示的 X,Y 方向运动方程式的离散式表示如下:

$$a_{i,J}u_{i,J} = \sum a_{nb}u_{nb} + (p_{I-1,J} - p_{I,J})A_{i,J} + b_{i,J} \tag{3.57}$$

$$a_{I,j}u_{I,j} = \sum a_{nb}u_{nb} + (p_{I,J-1} - p_{I,J})A_{I,j} + b_{I,j} \tag{3.58}$$

式中:A——压力作用的面积,m^2;

　　　a——对风速 u,v 的系数,kg/s;

　　　b——边界面的影响,N;

　　　u——X 方向的流速,m/s;

　　　v——Y 方向的流速,m/s;

　　　p——压力,Pa;

　　　I,i——X 方向的单元格点;

　　　J,j——Y 方向的单元格点;

　　　nb——邻接点(N,S,E,W)的总称。

(2) SIMPLE 解法

有效求解稳定流动的场合常用的是 SIMPLE 法(Semi-Implicit Method for Pressure-Linked Eguations)组合连续式和运动方程式,求出压力修正式。离散化的运动方程式和压力修正式是由三重对角行列解法(TDMA)和缓和法的组合来计算,最终可得到收敛解(Arakawa,1994;Versteeg 和 Malalasekara,1995)。图 3.36 为其程序方框图。

对于运动方程式的离散式,把适当的压力和 X 方向及 Y 方向的各速度的近似值 P^*,U^*,V^* 作为初始值给定时(第 1 步),准确的压力和 X 方向及 Y 方向的各速度用修正值 P',U',V' 表示,即

$$\left.\begin{array}{l} P = P^* + P' \\ U = U^* + U' \\ V = V^* + V' \end{array}\right\} \tag{3.59}$$

在运动方程式的离散式(3.57),(3.58)中代入式(3.59)后得到的式减去第 1 步得到的式,则可得

$$a_{i,J}u'_{i,J} = \sum a_{nb}u'_{nb} + A_{i,J}(P'_{I-1,J} - P'_{I,J}) \tag{3.60}$$

若以得到收敛解为前提,修正值均为 0,则可省略右边第 1 项,即

$$\left.\begin{array}{l} a_{i,J}u'_{i,J} = A_{i,J}(P'_{I-1,J} - P'_{I,J}) \\ u'_{i,J} = d_{i,J}(P'_{I-1,J} - P'_{I,J}) \\ d_{i,J} \equiv \dfrac{A_{i,J}}{a_{i,J}} \end{array}\right\} \tag{3.61}$$

根据以上条件,连续式的离散化所需的速度由下式给定:

$$\left.\begin{array}{l} U_{i,J} = U^*_{i,J} + d_{i,J}(P'_{I-1,J} - P'_{I,J}) \\ V_{I,J} = V^*_{I,J} + d_{i,j}(P'_{I-1,J} - P'_{I,J}) \end{array}\right\} \tag{3.62}$$

用控制体积积分的连续方程代入式(3.62),可求得关于压力修正量 P' 的压力修正式(第 2 步)。由压力修正式用 TDMA 求得压力修正量 P' 再加上 P^*,求得修正的新 P 的同时,把这个 P 代入式(3.62),求出 u,v(第 3 步)。实际计算中解运动方程式时,为防止发散,用式(3.64)代替式(3.63),用 $P = P^* + a_p P'$ 代替压力 $P = P^* + P'$(缓和法)。

$$a_{i,J}u_{i,J} = \sum a_{nb}u_{nb} + A_{i,J}(P_{I-1,J} - P_{I,J}) \tag{3.63}$$

$$\dfrac{a_{i,J}}{\alpha_u}u_{i,J} = \sum a_{nb}u_{nb} + A_{i,J}(P_{I-1,J} - P_{I,J}) + \left[(1 - \alpha_u)\dfrac{a_{i,J}}{\alpha_u}\right]u^{old}_{i,J} \tag{3.64}$$

式中,α_u,α_p 为缓和系数。

修正的压力 P、速度 U,V 作为新压力 P^*、速度 U^*,V^* 恢复到第 1 步,得到收敛解为止反复进行计算。

图 3.36 的第 4 步 中 ϕ 表示无向量的量,对一般化的输送方程式进行离散化的场合计算。解伴随热的流动时,要加能量方程式,作为 ϕ 可取得热焓。本研究中把温度、密度假定为一定,只使用风速 U,V 及压力 P 完成

计算。

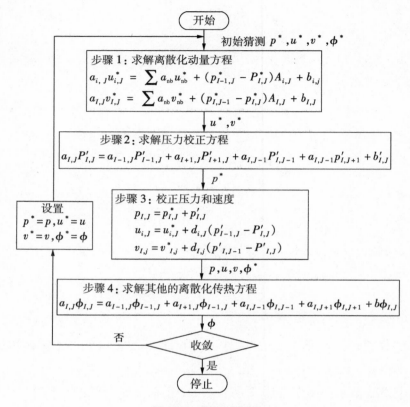

图3.36　SIMPLE 法

2. 试验模型和试验条件

（1）试验模型

　　假设在试验中使用的分选扇车内部,以从鼓风机送来的风直接作用的谷粒部分及其周边区域作为计算区域(见图3.37),设水平方向为 X 轴,垂直方向为 Y 轴。计算区域如图3.38 所示,从鼓风机后面的分选排出口 X 方向 300 mm(原文,译者注), Y 方向 370 mm,风与侧壁倾斜了 45°。分选风排出口是把从上壁 Y 方向朝下的 130 mm 的位置为上端,110 mm 之间为分选风排出口。分选风路下方的一次回收口是考虑其开口部的断面积,在下端的两侧设置了释放装置。后方的 2 次回收口是把区域的风下侧作为释放口,所以处于关闭状态。风路途中的一次回收口后方假想为隔壁,从排出口下端在 X 方向 190 mm 位置上设置了高度 40 mm 的垂直的隔壁。为了差分,单元格数为 X 方向 62,Y 方向 74,单元格为大小为 5 mm ×5 mm 的正方形。

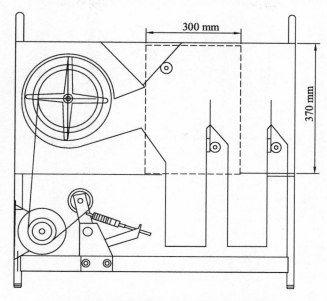

图 3.37　试验装置内部的计算区域

（2）试验条件

从分选风排出口的初始风速是根据 PIV 的测定结果,求出分选风排出口 Y 方向断面的平均值,求出这个平均值和鼓风机回转速度之间的回归直线,作为风机回转速度 200,400,600,800,940 r/min 时的期待值;从 X 轴17.5°朝上,分别给定为 1.22,2.44,3.65,4.87,5.73 m/s(见表 3.3)。空气密度在气温 20°,气压为 101 000 Pa 条件下求出,运动黏性系数是把空气的黏性系数作为温度的函数来给定的。

各壁面没有风出入,边界条件为:X 方向流速 $U=0$,Y 方向流速 $V=0$,图3.38 中的分离壁也给定了同样的边界条件。另外,将风下侧流出部分看作没有风速变化,作为边界条件速度梯度为 0,也就是说,和其之前的格子点风速相同。包括区域风下侧的全部区域作为初始值代入 $U=0,V=0,P=0$,反复后由顺序修正值来改写。压力与绝对值无关,只把变化量由顺序修正值来改写。程序来说,设分离部的格子点数为 1,包括分离壁的全区域总括起来计算的。缓和系数的值是把 α_U,α_V 设为 0.001,α_P 设为 0.001 6。用

SIMPLE 法的反复次数为 200 000 次。

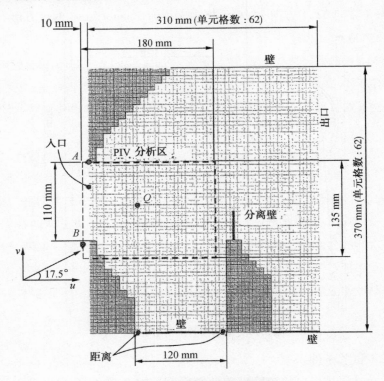

图 3.38　计算的分选室的构造

表 3.3　FVM 的初始风速条件

风扇转速/(r/min)	预测风速/(m/s)	U/(m/s)	V/(m/s)	Re
0	0	0	0	0
200	1.22	1.16	0.37	8 103
400	2.44	2.33	0.73	16 206
600	3.65	3.48	1.10	24 243
800	4.87	4.64	1.46	32 346
940	5.73	5.46	1.72	38 058

3.4.3　试验结果和分析

1. FVM 的试验结果

缓和系数的值通常是设 α_U, α_V 为 0.5，一般 α_P 约从 0.8 开始计算，但对这次计算中使用的模型来说，若缓和系数不是非常小，则不能收敛。这是因为分离壁作用使在计算区域中多存在速度剧变的边界条件以及格子分割数比较多的原因。

各风速的计算结果如图 3.39 所示，比较各风扇的回转速度，主流动的风速分布状况有类似的情况，看不出由于风扇回转速度的变化引起的风速分布的变化。在任何风扇回转速度的情况下，从分选风排出口至隔壁的上方，几乎维持同样风速的情况下带状的流动。在 400 r/min 情况下的计算结果是至一次回收口部分中涡流发生位置是和其他回转速度场合不同，但这次数值试验中把空气的黏度系数直接用于 X, Y 方向进行计算，没有考虑涡流引起的黏性的影响，而是采取黏性系数取大值和导入时间项等的措施，得到了恰当的结果。

2. 和目视化试验的比较和分析

用 PIV、红外线风速计测定中，把风扇转速从 200 r/min 至 800 r/min，每变化 200 r/min 测定了点 Q 的风速。PIV 的测定范围如图 3.38 所示，从分选排出口至一次回收口终端附近，由红外线风速计测定的点 Q 的风速表示 1 s 间的平均风速。

把风扇转速 800 r/min 时的用 PIV 的实测结果如图 3.40 所示（Matsui, 2003）。图 3.38、图 3.40 的点 A 是分选风排出口的上缘，表示谷粒的风上侧流下始端，点 B 是表示分选风排出口的下缘。点 Q 是用红外线风速机测定的点，从 X 方向往右约 70 mm，Y 方向往下约 50 mm 的点。这个点表示谷粒流下时，其流下范围的大致中央，与周边相比其风速也高，对于谷粒的轨迹变化给予大的影响。

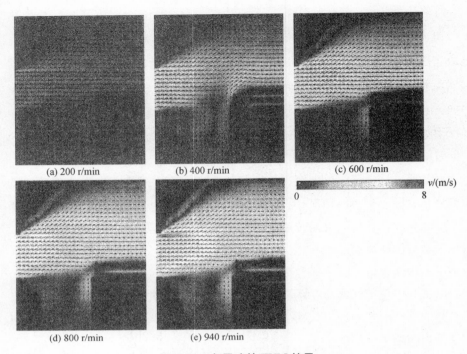

图 3.39 　各风速的 FVM 结果

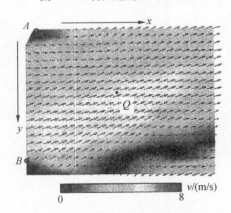

图 3.40 　800 r/min 时的 PIV 结果

　　根据 PIV 的分析结果,沿着流动方向看出速度变化,但试验用画像的摄影时间为 0.2 s。Z 方向也存在流动等原因,则可认为涡流没有充分平均化。另外,数值试验中由于是用二维平面来计算的,总的风速变化是圆滑的。

　　PIV 以及红外线风速计的试验结果和用 FVM 的计算结果的点 Q 上的风

速比较如图 3.41 和表 3.4 所示。在任何场合也大致有同样的结果,与由热线风速计的结果得到的基准风速相比,其误差平均有 3.1%,最大有9.7%。对于 PIV 和 FVM 的风向 θ,用 PIV 的情况下测定时间 0.2 s,非常短,而且受涡流和 Z 方向的影响大,分析结果有较大误差。在用 FVM 的情况下,除了400 r/min 时外得到了更恰当的结果。由以上的结果可以看出,二维平面的FVM 的数值试验结果可得到与实际风速大致同等的结果。

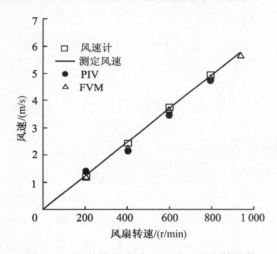

图 3.41 红外线风速计、PIV 和 FVM 的比较

表 3.4 红外线风速计、PIV 和 FVM 的比较

风扇转速/ (r/min)	风速计/ (m/s)	预测风速/ (m/s)	PIV		FVM		FVM 误差/%
			v/(m/s)	θ/(°)	v/(m/s)	θ/(°)	
0	0	0	0	0	0	0	—
200	1.2	1.22	1.4	9.2	1.20	19.4	−1.50
400	2.4	2.44	2.1	8.4	2.20	14.3	−9.71
600	3.7	3.65	3.4	1.6	3.61	19.3	−1.23
800	4.9	4.87	4.7	21.9	4.80	19.2	−1.50
940	—	5.73	—	—	5.65	19.2	−1.33

3.4.4 结论

本研究以得到分选室内的风速矢量分布为最终目的,建立了对谷粒飞行影响大的分选室内部的假想模型,假定风选风的流动为二元恒定的非压缩性黏性流,作了有限体积法的数值分析。其结果采用 FVM 时存在形状适应性限制,但由于可掌握主要流动的大小和方向,根据分析的目的可简化模型的计算,同时只进行评价所需部分的场合,拥有较高的精度;可省略设计初始阶段的性能预测、试制及试验的验证。

另外,从目前情况来看,由于缓和系数值小,分析结果达到收敛为止的所需时间较长,以及在流动周边部也进行严密的分析,应重新估价格子分割数和进一步改进模型以及运动方程式中导入时间项等。今后通过改进这些内容,可使其更符合现状的数值试验。

3.5　用于预测履带式车辆转向阻力的理论模型[9]

十分明显,履带式车辆在公路以外的路面上的通过性是优越的,但其转向性能仍然是值得注意的问题。伊藤等提出的论点是:为了改善履带的转向性能,履带表面应采用环形花纹,控制制动履带的接地长度,以制动履带为支点进行转向,这些都是减少履带车辆转向阻力的有效方法。本研究讨论了用于矩形和环形两种花纹履带转向阻力预测的理论模型,并对它们进行了评价。本研究提出的模型经验证的预测结果和试验结果是一致的。

3.5.1　序言

近 20 年来,履带式车辆的设计已有了改进,但由于这些车辆转向时存在抵抗转向的阻力矩,因此它们的转向性能还存在问题。据观察,履带车辆的转向能力可从以下几个方面获得改进:减小转向运动阻力,缩小转向半径,缩短转向时间,减少转向时对土壤的搅动程度等。伊藤指出,转向运动阻力因减小履带接地面积,尤其是缩短履带的接地长度而减小。事实上,在以制动履带为支点做转向时,减小它的接地长度即可实现减小车辆的转向阻力。此外,伊藤等提出了一个新的设计,认为橡胶履带表面采用环形花纹能减小转向阻力,同时能实现稳定的牵引。

转向运动阻力起因于摩擦阻力,由履带沉陷引起的接地部分土壤对其侧面土壤的挤压而产生。在硬路面上,车辆下陷极小,因此转向阻力因土壤挤压而产生的阻力可忽略不计。然而在软地面上车辆下陷深,土壤挤压阻力是不可忽略的。

本研究讨论了一个用于预测履带转向阻力的理论模型,为了评价它们的转向阻力系数受不同的履带形状参数影响,对矩形花纹的模型和环形花纹的模型进行了分析。

3.5.2 理论方法

在本研究中,转向运动阻力矩的分析是依据作为转向支点的制动履带的转向力矩来进行的,且制动履带的长度是可以控制。理论模型根据矩形和圆形花纹履带的摩擦阻力和土壤挤压阻力构建。

1. 转向运动中的摩擦阻力

(1) 矩形花纹履带摩擦阻力模型

在以制动履带为支点的转向运动中,摩擦力作用在矩形花纹上可用于分析的模型可能有 2 种,如图 3.42 所示。模型 A 中,摩擦力 P 作用在微面积($b\mathrm{d}x$)上,可假设其平行于线 MN,如图 3.42 a 所示;而模型 B,摩擦力 P 作用在一个小面积($r\mathrm{d}\theta\mathrm{d}r$)上,假设其绕点 O 转动,如图 3.42 b 所示。

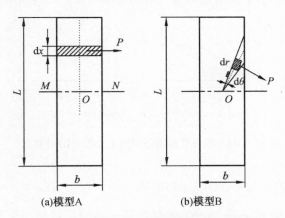

(a)模型A　　　　　　　(b)模型B

图 3.42　摩擦力作用在矩形花纹上的履带图形

对于模型 A,如果履带图形平行于线 MN,作用在微小面积($b\mathrm{d}x$)的摩擦阻力 P 可用下式表示:

$$P = \mu p b \mathrm{d}x \tag{3.65}$$

式中：μ——摩擦阻力系数；

$\quad$ p——地面接触压力；

$\quad$ b——履带宽度；

$\quad$ x——力的作用点和中心点的距离。

转向运动阻力矩由矩形花纹的摩擦阻力模型 A 确定。

$$M_{fr(a)} = 2\int_0^{\frac{L}{2}} Px = 2\int_0^{\frac{L}{2}} \mu pbx\mathrm{d}x = \frac{\mu pbL^2}{4} \tag{3.66}$$

式中：L——履带的接地长度。

对模型 B 而言，如果履带图形绕中心点 O 转动，则在微小面积上的摩擦力 P 可用下式表示：

$$P = \mu p(r\mathrm{d}\theta\mathrm{d}r) \tag{3.67}$$

式中：θ——转动角度。

履带图形 $L/4$ 转向阻力矩可表达为 $\left(\dfrac{L}{2}\cdot\dfrac{b}{2}\right)$，如图 3.42 b 所示，而它又根据转向角度的排列被分成 2 部分，如图 3.43 所示。

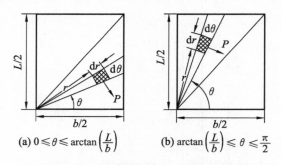

$$\text{(a) } 0 \leqslant \theta \leqslant \arctan\left(\frac{L}{b}\right) \qquad \text{(b) } \arctan\left(\frac{L}{b}\right) \leqslant \theta \leqslant \frac{\pi}{2}$$

图 3.43　矩形花纹履带图形 $L/4$ 部分的摩擦力

因摩擦阻力产生的 TMRM（转向阻力矩）$M_{fr(b.1)}$ 在 $0 \leqslant \theta \leqslant \arctan\left(\dfrac{L}{b}\right)$ 的范围之内可由下式（3.68）求得：

$$\begin{aligned}
M_{fr(b.1)} &= \int_0^{\arctan(L/b)}\int_0^{b\,2\cos\theta} Pr = \int_0^{\arctan(L/b)}\int_0^{b/2\cos\theta} \mu Pr^2\mathrm{d}r\mathrm{d}\theta \\
&= \frac{\mu pb^3}{48}\left(\frac{L\sqrt{b^2+L^2}}{b^2} + \ln\left|\frac{L\sqrt{b^2+L^2}}{b}\right|\right)
\end{aligned} \tag{3.68}$$

因摩擦阻力产生的 $M_{fr(b.1)}$ 在 $\arctan\left(\dfrac{L}{b}\right) \leqslant \theta \leqslant \dfrac{\pi}{2}$ 范围内可表达为

$$M_{fr(b.2)} = \int_{\arctan(L/b)}^{\pi/2} \int_0^{L/2\sin\theta} Pr = \int_{\arctan(L/b)}^{\pi/2} \int_0^{L\sin\theta} \mu Pr^2 \,\mathrm{d}r\mathrm{d}\theta$$

$$= \frac{\mu p L^3}{48}\left(\frac{b\sqrt{b^2+L^2}}{L^2} + \ln\left|\frac{\sqrt{b^2+L^2}-b}{L}\right|\right) \tag{3.69}$$

对于模型 B 的矩形花纹履带图形,总的转向运动阻力矩可表达为

$$M_{fr(b)} = 4\left(M_{fr(b.1)} + M_{fr(b.2)}\right) \tag{3.70}$$

因此

$$M_{fr(b)} = \frac{\mu p}{12}\left\{2bL\sqrt{b^2+L^2} + b^3\ln\left(\frac{\sqrt{b^2+L^2}+L}{b}\right) - L^3\ln\left|\frac{\sqrt{b^2+L^2}-b}{L}\right|\right\} \tag{3.71}$$

为了观察模型 A 和模型 B 之间的区别,这些图形的 TMRM 值可以用式(3.71)除以式(3.66)表示,即

$$\frac{M_{fr(b)}}{M_{fr(a)}} = \frac{1}{3bL^2}\left\{2bL\sqrt{b^2+L^2} + b^3\ln\left(\frac{\sqrt{b^2+L^2}+L}{b}\right) - L^3\ln\left|\frac{\sqrt{b^2+L^2}-b}{L}\right|\right\}$$

$$= \frac{1}{3}\left\{\frac{2}{L}\sqrt{b^2+L^2} + \frac{b^2}{L^2}b^3\ln\left(\frac{\sqrt{b^2+L^2}+L}{b}\right) - \frac{L}{b}\ln\left|\frac{\sqrt{b^2+L^2}-b}{L}\right|\right\} \tag{3.72}$$

现导入形状参数 k,它是履带接地长度 L 和接地宽度 b 的比值,可表示为

$$k = \frac{L}{b} \tag{3.73}$$

因此式(3.72)可以重写为

$$\frac{M_{fr(b)}}{M_{fr(a)}} = \frac{1}{3}\left\{2\sqrt{\frac{1}{k^2}+1} + \frac{1}{k^2}\ln\left(\sqrt{1+k^2}+k\right) - k\ln\left|\sqrt{\frac{1}{k^2}+1} - \frac{1}{k}\right|\right\} \tag{3.74}$$

根据式(3.74),模型 A 和模型 B 的 TMRM 比率如图 3.44 所示。图可看出,当履带的形状参数 $k<3$ 时,模型 B 的 TMRM 值比模型 A 的大。从履带的形状参数 $k=3$ 开始,这个比率收敛成一条直线,表示这 2 个模型彼此的 TMRM 值几乎相等。因此,当履带形状参数相等或大于 3 时,都能用于进一步分析研究。

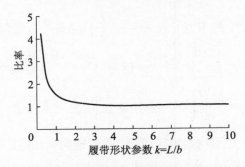

图 3.44　不同履带形状参数模型 A 和 B 的 TMRM 比率

（2）环状花纹 履带摩擦阻力模型

图 3.45 显示了用一个模型来分析摩擦阻力作用于环形花纹制动履带上的情况,该履带作为转向的枢轴且其接地长度可以控制。摩擦力 P 作用在一小面积上($2\pi r\mathrm{d}r$),假设其回转中心为 O,小面积上的摩擦力 P 可由下式表示:

$$P = \mu p \cdot 2\pi r \mathrm{d}r \qquad (3.75)$$

式中:μ——摩擦系数;

　　　p——接地压力;

　　　r——摩擦力作用位置半径。

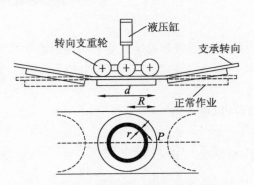

图 3.45　作用在履带环状花纹上的摩擦力

作用在履带环球花纹上的总摩擦阻力矩 M_{fc} 可用下式求得:

$$M_{\mathrm{fc}} = \int_0^R Pr = \int_0^R 2\pi\mu pr^2 \mathrm{d}r = 2\pi\mu p \int_0^R r^2 \mathrm{d}r$$

$$= \frac{2}{3}\pi\mu pR^3 = \frac{1}{12}\pi\mu pd^3 \qquad (3.76)$$

式中, R, d 分别为履带环状花纹图形的半径和直径。

2. 因土壤挤压产生的转阻力矩 σ

矩形花纹的土壤挤压阻力根据宽的垂直刀片切割土壤的理论得出, 如图 3.46 所示。

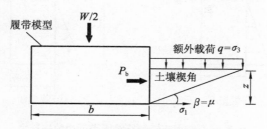

图 3.46　矩形花纹履带的挤压阻力

单位宽度切割土壤的总力一般用土方方程表示, 即

$$P_a = \gamma g z^2 N_r + cz N_c + qz N_q \tag{3.77}$$

式中: P_a——履带单位宽度总阻力;

　　　γ——土壤密度;

　　　g——重力加速度;

　　　z——履带沉陷量。

N_r, N_c 和 N_q 不仅仅决定于土壤的摩擦强度, 也与花纹形状和土壤力学性质有关。也就是说, 因下沉履带侧边引起的土壤挤压相对较小, 故附加力是微不足道的。因此, 在这个建议模型中为简化分析将它设为 0。因此土壤挤压力 P_b 可写为

$$P_b = \gamma g z^2 N_r + cz N_c \tag{3.78}$$

类似摩擦阻力的分析, 也能发现矩形花纹履带图形在分析作用在履带侧边上的土壤挤压摩擦阻力也有两种类型, 如图 3.47 所示。

对模型 A 而言, 土壤挤压力 P_b 作用的微量 dx 假定平行于线 AB, 如图 3.47 a 所示。对于模型 B, 土壤挤压力 P_b 作用在微量 dx 假设绕中心 O 旋转, 如图 3.47 b 所示。

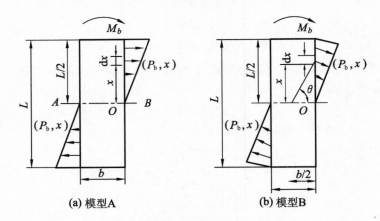

(a) 模型A   (b) 模型B

图3.47   作用在矩形花纹履带侧边的挤压力

模型 A 的 TMRM 由土壤挤压阻力，$M_{b(a)}$可由下式决定：

$$M_{b(a)} = 2\int_0^{\frac{1}{2}} P_b x \mathrm{d}x$$

$$= \frac{1}{4}P_b L^2 = \frac{1}{4}L^2(\gamma g z^2 N_r + cz N_c) \tag{3.79}$$

为了求得模型 B 的 TMRM，作用在半个短形花纹图形上的挤压力如图 3.48 所示。

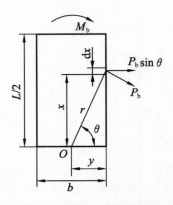

图3.48   作用在半个矩形花纹图形上的挤压力

因土壤挤压阻力而产生的 TMRM 可用下式计算：

$$M_{b(b)} = 2\int P_b \sin\theta\gamma\sin\theta dx = 2P_b \int \frac{x^2}{\sqrt{x^2+y^2}}dx$$

$$= P_b\left[x\sqrt{x^2+y^2} - y^2\ln\left|\frac{x+\sqrt{x^2+y^2}}{y}\right|\right]_0^{\frac{1}{2}}$$

$$= \frac{1}{4}P_b\left\{L^2\sqrt{1+\left(\frac{b}{L}\right)^2} - b^2\ln\left|\frac{1+\sqrt{1+\left(\frac{b}{L}\right)^2}}{\left(\frac{b}{L}\right)}\right|\right\}$$

$$= \frac{1}{4}L^2\left\{\sqrt{1+\left(\frac{b}{L}\right)^2} - \left(\frac{b}{L}\right)^2\ln\left(\frac{b}{L}\right)\left(1+\sqrt{1+\left(\frac{b}{L}\right)^2}\right)\right\}(\gamma gz^2N+czN_c)$$

$$(3.80)$$

为了评价模型 A 和模型 B 之间的差别,可将两种图形因土壤挤压产生的 TMRM 以方程(3.80)除方程(3.79)来进行比较,即

$$\frac{M_{b(b)}}{M_{b(a)}} = \sqrt{1+\frac{1}{k^2}} - \frac{1}{k^2}\ln k\left(1+\sqrt{1+\left(\frac{1}{k}\right)^2}\right) \qquad (3.81)$$

根据式(3.81),两种模型 TMRM 的比率的大小决定于履带形状参数 k,如图 3.49 所示。

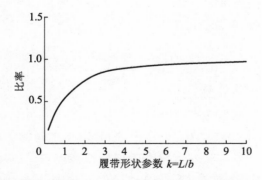

图 3.49　因土壤挤压阻力产生的两种模型 TMRM 随形状参数 k 的变化曲线

这个图形说明当履带形状参数 $k<4$ 时,模型 B 的 TMRM 小于模型 A。从履带形状参数 3 开始,比率接近于 1,这意味着 2 种模型的 TMRM 值近似相同。因此,对于履带形状参数 k 等于或大于 3,无论模型 A 或模型 B 都能用于进一步的分析研究。

对环形花纹履带而言,由于它的环状周边花纹,因此挤压阻力等于 0。

3. 总转向阻力

(1) 矩形花纹履带的总转向阻力

模型能表达出它的摩擦力产生的阻力矩和因土壤挤压而产生的阻力矩总和。对于模型 A,矩形花纹履带的 TMRM,$M_{T(ra)}$ 总阻力矩可由式(3.66)和式(3.79)相加而得,即

$$M_{T(ra)} = \frac{1}{4}\mu pbL + \frac{1}{4}L^2(\gamma gz^2 N_r + czN_c) \tag{3.82}$$

对于模型 B,矩形花纹履带的总阻力矩 $M_{T(rb)}$ 可由式(3.71)和式(3.80)相加求得,即

$$M_{T(rb)} = \frac{\mu p}{12}\left\{2bL\sqrt{b^2+L^2} + b^3\ln\left(\frac{\sqrt{b^2+L^2}+L}{b}\right) - L^3\ln\left|\frac{\sqrt{b^2+L^2}+b}{L}\right|\right\} +$$

$$\frac{1}{4}L^2\left\{\sqrt{1+\left(\frac{b}{L}\right)^2} - \left(\frac{b}{L}\right)^2\ln\left|\left(\frac{b}{L}\right)\left(1+\sqrt{1+\left(\frac{b}{L}\right)^2}\right)\right|\right\}(\gamma gz^2 N_r + czN_c)$$

$$\tag{3.83}$$

(2) 环状花纹履带总转向阻力

一般可认为不存在挤压阻力,因此总的转向阻力矩 $M_{T(c)}$ 是仅仅因为摩擦阻力而产生,因此可重新定义为

$$M_{T(c)} = \frac{1}{12}\pi\mu p d^3 \tag{3.84}$$

4. 运动阻力转向系数

矩形花纹的转向运动阻力系数到环形花纹履带图形需要评价履带不同形状参数的具体系数。为了评价这些 TMRM 之间的比率,矩形花纹履带图形的接地面积和环状花纹履带图形的接地面积应该相等且用以下式表示:

$$Lb = \frac{\pi d^2}{4} \tag{3.85}$$

将履带形状参数 $k\left(k = \dfrac{L}{b}\right)$ 代入式(3.85)中,履带宽度 b 和接地长度 L 又可以下式表示:

$$b = \frac{d}{2}\sqrt{\frac{\pi}{k}} \quad \text{或} \quad L = \frac{d}{2}\sqrt{k\pi} \tag{3.86}$$

将式（3.86）代入式（3.82），矩形花纹模型 A 总的转向阻力矩 $M_{T(ra)}$ 可重组成为

$$M_{T(ra)} = \frac{1}{32}\pi\mu p d^3 k \sqrt{\frac{\pi}{k}} + \frac{1}{16}\pi k d^2 (\gamma g z^2 N_r + cz N_c) \tag{3.87}$$

同理，矩形花纹模型 B 总的转向阻力矩 $M_{T(rb)}$ 可重组成为

$$M_{T(rb)} = \frac{\pi\mu p d^3}{48}\sqrt{\frac{\pi}{k}}\left[\sqrt{1+k^2} + \frac{1}{2k}\ln(\sqrt{1+k^2}+k) - \frac{k^2}{2}\ln\left(\sqrt{1+\frac{1}{k^2}} - \frac{1}{k}\right)\right] +$$

$$\frac{1}{16}\pi k d^2\left[\sqrt{1+\frac{1}{k^2}} - \frac{1}{k^2}\ln\left|k\left(1+\sqrt{1+\frac{1}{k^2}}\right)\right|\right](\gamma g z^2 N_r + cz N_c) \tag{3.88}$$

对于模型 A 而言，矩形花纹和环状花纹图形在接地长度相等的情况下，其转向阻力矩的比率可以用式（3.88）除以式（3.84）求得：

$$\frac{M_{T(ra)}}{M_{T(c)}} = \frac{3}{8}k\sqrt{\frac{\pi}{k}} + \frac{3}{4}\frac{k(\gamma g z^2 N_r + cz N_c)}{\mu p d} \tag{3.89}$$

同理，模型 B 的矩形花纹和环状花纹图形的转向阻力矩的比率也可以用式（3.89）除以式（3.84）求得，即

$$\frac{M_{T(ra)}}{M_{T(c)}} = \frac{1}{4}\sqrt{\frac{\pi}{k}}\left[\sqrt{1+k^2} + \frac{1}{2k}\ln(\sqrt{1+k^2}+k) - \frac{k^2}{2}\ln\left(\sqrt{1+\frac{1}{k^2}} - \frac{1}{k}\right)\right] +$$

$$\frac{3}{4}\left[k\sqrt{1+\frac{1}{k^2}} - \frac{1}{k}\ln\left|k\left(1+\sqrt{1+\frac{1}{k^2}}\right)\right|\right]\left(\frac{\gamma g z^2 N_r + cz N_c}{\mu p d}\right) \tag{3.90}$$

3.5.3　试验方法

1. 试验装置

试验装置由主机架、传感器、土槽和矩形及环状花纹履带模型组成，如图 3.50 所示。传感器有以下几种：① 用于测量履带下陷深度的线性电位器；② 用于测定转向阻力矩的应变仪；③ 用于测量土槽转速的光电传感器。土槽机构由圆形土槽和驱动其转动的电机组成。将履带模型的接地面积三等分，履带模型的每一部分接地面积基本相等，同时由 6 个履带形状参数从 1～6 不同的履带模型组成。另外，还有一个环状模型。这些履带模型

的尺寸和接地面积如表 3.5 所示。

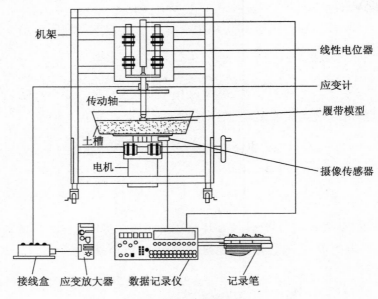

图 3.50　试验装置

表 3.5　试验用履带模型的尺寸

矩形花纹履带形状参数 k	接地面积 A 2 800/mm²		接地面积 A 5 600/mm²		接地面积 A 8 400/mm²	
	长/mm	宽/mm	长/mm	宽/mm	长/mm	宽/mm
1	53	53	75	75	92	92
2	75	37	106	53	130	65
3	92	31	130	43	159	53
4	106	27	150	37	183	46
5	118	24	167	34	205	41
6	130	22	183	31	225	37
环形花纹	直径 $d = 60$ mm		直径 $d = 84$ mm		直径 $d = 103$ mm	

2. 试验步骤

试验分以下几个步骤进行：

① 将试验土壤装入工槽并将其平整。

土壤经人工干燥并精选成试验用土壤并要求具有如表 3.6 所示的土壤参数。履带模型安装在扭转轴的头部。

表 3.6　试验用人工干燥土壤特征参数

土壤特征	数值
$k_\phi/(\text{N/cm}^{(n-2)})$	27.67
$k_c/(\text{N/cm}^{(n+1)})$	6.24
n	0.31
土壤密度 $\gamma/(\text{g/cm}^3)$	1.76
内聚力 $c/(\text{kPa})$	29.4
摩擦系数(土壤-橡胶)μ	0.68

② 加载并调整至预定的接地压力。

预定的接地压力为 8 759,4 379 和 2 920 Pa,每次测试运行,土槽对着履带模型,由电机以恒定的转速转动 540°~720°,转向阻力矩 TMRM 经安装在扭转轴上的应变片测得的扭力计算得。

③ 将测得的数据由记录仪录并即时打印出来。

3.5.4　试验结果和讨论

通过观察试验中履带模型的沉陷和土壤挤压的结果可发现,对于相等的接地面积,土壤挤压作用随着因下陷的加深,地面接地压力的增大而增大。然而就所有的试验而言,可能履带沉陷很浅,不能由现有的深度传感器测得。为了解决这个问题,履带沉陷深度可用如下的贝柯理论公式求得:

$$Z = \left[\frac{W}{2l(k_c + bk_\phi)} \right]^{\frac{1}{n}} \tag{3.91}$$

式中:W——履带模型总负荷;

　　　b——履带宽度;

　　　l——接地长度;

　　　k_c, k_ϕ 和 n——土壤的机械参数。

图 3.51 所示为两个理论结果的实例,分别表示模型 A 和模型 B 的转向运动阻力矩(TMRM)与履带形状参数的关系。图 3.51 揭示了矩形花纹履带模型因摩擦力引起的和土壤挤压引起的转向阻力矩(TMRM)随着履带形状参数的增大而增大,因此可得出结论:矩形花纹履带模型的总转向阻力矩随着其形状参数的增大而增大。对于相同的接地面积和接地压力,因摩擦阻力引起的转向阻力矩,模型 B 的比模型 A 的大;与此对照,因土壤挤压引起

的转向阻力矩模型 A 的比模型 B 的大。因土壤挤压引起的转向阻力矩相比于因摩擦阻力引起的转向阻力矩较小。因此,总转向阻力矩(TMRM)模型 B 的比模型 A 的大。

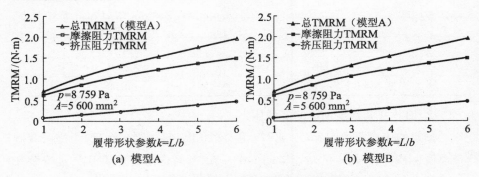

(a) 模型A   (b) 模型B

图 3.51 理论转向阻力矩 TMRM 与履带形状参数的关系

图 3.52 表示了理论预测数据和试验数据的比较,显示了转向阻力矩和履带形状参数之间的关系。通过图 3.52 能清楚地看出,在地面接触压力相等的情况下,转向阻力矩 TMRM 随着履带接地面积的减小而减小。

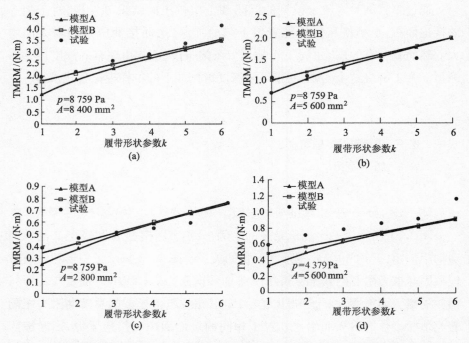

图 3.52 在不同接地面积 A 和不同接地压力 P 时,TMRM 与履带形状参数 k 的关系

　　图 3.52 c,d 表示在接地面积相等时,随着接地压力的增大,转向阻力矩 TMRM 因接地压力引起的摩擦阻力和挤压阻力的增大而增大。

　　比较理论预测和试验所得的数据,履带矩形花纹和环形花纹图形之间的关系如图 3.53 所示。由图可清楚地看出,转向阻力矩预测和试验数据都由于履带形状参数的增大而增加。同时还可发现,当履带形状参数大于 3 时,其与转向阻力矩之比值几乎呈线性增大,如矩形花纹履带形状参数一样。这也表明在履带接地面积相等的情况下,环形花纹履带的转向阻力比矩形花纹的小。

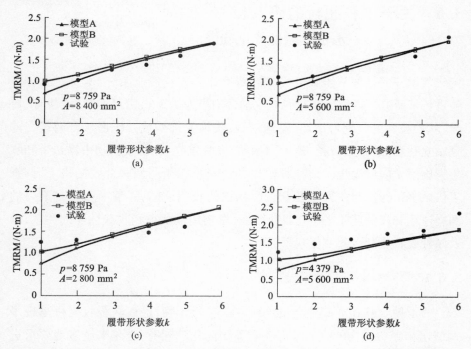

图 3.53　在不同接地面积 A 和不同接地压力 p 时,TMRM 与不同履带形状参数的关系

3.5.5　结　论

　　根据本研究可得出如下结论:

　　① 矩形花纹履带的转向阻力矩 TMRM 随着履带形状参数的增大而成正比地增大。

　　② 矩形花纹履带和环状花纹履带模型的 TMRM 之比随着矩形状花纹履

带形状参数的增大而增大。

③ 试验结果显示,当履带接地长度与接地宽度相等,履带形状参数等于1时,转向阻力矩 TMRM 是最小值。在履带形状参数等于1时,环状花纹履带的转向阻力矩比矩形花纹履带的 TMRM 稍小。也就是说,环状花纹履带模型将得到最小的转向阻力矩。

④ 建议理论模型与试验数据进行比较验证,可发现预测结果与试验数据相当一致。

3.6　关于站秆脱粒的研究(1)
——水稻收获性能试验[10]

为了开发更加节能和低成本的新型谷物收获作业系统,本文对站秆脱粒进行了研究。供试的站秆脱粒收割台割幅为 2.5 m,由可调罩壳、装有"梳齿"状脱粒齿的收割台滚筒、输送带、收集搅龙等构成。作物从可调罩壳前呈站立状态强制进入,经"梳子"状脱粒齿脱粒收获后,收获物由输送带和收集螺旋搅龙向后输送。站秆脱粒收割台安装在通用型联合收割机上,调查了供试水稻特征和站秆脱粒联合收割机的收割性能,弄清了收割台滚筒的圆周速度和作业速度之比与收获性能、作物倒伏状态和收获性能的关系,以及站秆脱粒收割台的节能效果等。

3.6.1　序言

为了使收获作业高速化的同时收获多行作物,最近联合收割机呈现了大型化和高功率化的倾向。但在农业国际化的同时,也越来越多地要求进一步提高生产性能及对地球环境保护的关心,对农业低成本和节能的愿望更为强烈,因而也期待开发能适应形势要求的新的联合收割机。

作为已经开发的低成本谷物收获技术,如具有螺旋形脱粒机构,能适应多种作物收获的通用型联合收割机的开发。该类型联合收割机在 1996 年达到实用化,不仅在国内,海外也得到普遍推广。近年来,鉴于上述形势提出了脱粒机构更加节能的要求。

作为有望获得脱粒作业节能化的研究之一,横山、川村等已进行的站秆脱粒的基础研究。

在海外,以收获作业高速化和节能化为目标的开发研究正在进行。其中关于站秆脱粒的研究较多,作为有代表性的研究可推举 Stroman 等和 Klinner 等的研究。特别是在 1986 年,由于英国西尔索研究所的 Klinner 等开发了站秆脱粒收割台(通称 stripper)的试验样机之后,英国的农机厂商在此基础上对其进行实用化,并被海外各国所应用。特别是ミラノ大学和ゥーディネ大学对这种收割台进行适应性试验,对它的性能和问题进行了研究。另外 Quick 等为东南亚小田块水田开发了小型站秆脱粒机,并正在实用化。

在这种背景下,日本以开发更加低成本化和节能化的收获技术为目标,用上述海外开发的站秆脱粒收割台与装有同样收割台的通用型联合收割机(站秆脱粒联合收割机),对水稻和小麦进行了适应性试验。

所有的研究成果以 2 个研究论文予以报告,3.6 是关于日本水稻收获性能试验研究,3.7 是关于日本小麦收获性能试验研究。

3.6.2 站秆脱粒收割台

1. 构造和作用

供试的站秆脱粒收割台,割幅为 2.5 m,安装在功率为 44.1 kW 的国产通用型联合收割机上作为试验样机。站秆脱粒收割台如图 3.54 所示,由可调罩壳、装有梳子状脱粒齿的收割台滚筒(下称滚筒,滚筒直径 φ350 mm)、皮带输送器和收集搅龙等构成。图 3.54 为装有站秆脱粒收割台的通用型联合收割机(站秆脱粒联合收割机)的外观。

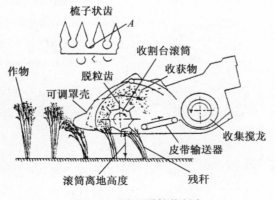

图 3.54 站秆脱粒收割台

站秆脱粒的作用原理说明如下：作物强制进入按预定高度设定的可调式罩壳,在站秆的状态下由梳子状脱粒齿脱粒收获。作物在可调罩壳作用下向前方倾斜,由于作物的外观高度下降和姿态前倾,不但使收获变得容易,还防止了收获整列作物时谷粒飞溅。

图 3.55　装有站秆脱粒收割台的通用型联合收割机

收获的籽粒和茎叶屑正常情况下经皮带输送器、收集搅龙、链扒式输送器送到联合收割机脱粒部再脱粒。本次供试的站秆脱粒收割台如图3.56所示,用站秆脱粒收割台收获的籽粒、作物碎茎秆等,收割机本体的脱粒部没有收取,而由设在改进的链扒式输送器下方的取样回收袋全量回收。另外,被脱粒后的残余茎秆在联合收割机通过后原封不动地站立在田间。

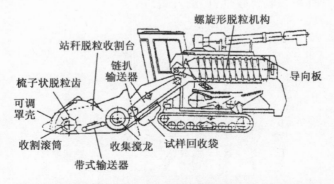

图 3.56　装有站秆脱粒试验台的通用型联合收割机侧视图

2．试验项目

本研究进行了以下 3 个项目的试验,研究了站秆脱粒收割台的性能。

(1)滚筒圆周速度与作业速度之比和收割台性能

为了求得适用的圆周速度,将滚筒(最低点)离地高度定为 20 cm,滚筒圆周速度和作业速度之比(下称滚筒速度比)设为 6.8～16.2 共 6 段进行试验,并研究收割台的性能。

(2)滚筒离地高度与性能

为了求得合适的滚筒离地高度,将滚筒速度比设定为 12～13,滚筒离地高度以 10,20 和 35 cm 共 3 段进行试验,并研究站秆脱粒收割台的性能。

(3)水稻倒伏状况与性能

以顺着倒伏方向和逆着倒伏方向进行收割,研究站秆脱粒收割台对倒伏作物的性能。

3．供试品种

生研机构附属农场栽培的糠塔水稻。表 3.7 显示了供试品种的主要特性,供试品种为适时收获的水稻,脱粒性能是在生产研究机构的脱粒试验台上测定的,难脱程度属中等。

表 3.7　供试水稻特性

试验的种类		站秆脱粒割台性能试验	站秆脱粒联合收割机性能试验
品种		糠塔	特优卡
栽植样式		移栽	移栽
行距/cm×株距/cm		30.0×19.2	30.0×18.6
全长/cm		87.1	91.2
站立角/(°)		86.0	84.9
水分	籽粒/%	23.5	21.5
	茎秆/%	63.5	62.9
产量/(kg/10a)		597.0	496.0

注：产量按 15% 的水分换算。

　4. 试验方法

　　收获行数为 8 行,测定区间为 5 m,上述 3 个项目在生产研究机构试验农场进行。试验结束后,需收集的籽粒包括落在田里的籽粒(头部飞溅籽粒)、站立茎秆上的籽粒(头部未脱下籽粒),以及样品回收袋内的籽粒。另外,还需收集脱粒后站立的茎秆与回收袋内的茎秆,以及将各种籽粒、茎秆分开整理,以求得下列性能参数值。

　　(1) 头部损失率

　　头部损失籽粒(头部飞溅籽粒与头部未脱净籽粒合计)与全部籽粒(头部飞溅粒、未脱净籽粒和回收袋中籽粒合计)质量之比为头部损失率。

　　(2) 收获物的品种比例

　　样品回收袋中的单粒、带小枝梗籽粒、断穗上的籽粒和破碎籽粒分别对样品回收装中全部籽粒质量之比。

　　(3) 收获碎茎秆的比例

　　样品回收袋中茎秆质量对全部茎秆(样品回收袋中的茎秆和从田间收集的站立茎秆之和)质量之比。

　5. 试验结果

　　(1) 收获状况

　　站秆脱粒收割台的收获方法、作业速度和收割痕迹等方面与以往的联合收割机有很大不同,就收获的整体情况而言,综合研究的内容有如下几点:

　　① 用站秆脱粒收割台收获基本直立状态的糙塔水稻,其作业速度达到 1.5～2.0 m/s,相当于以往联合收割机作业速度的 2～3 倍,若发动机功率充足则可稳定作业。

　　② 收获后的痕迹与拨禾轮式收割台和半喂入联合收割机的不同,图 3.57 为经过脱粒后残余的茎秆原样站立在田间的状态。大部分脱粒后的茎秆仍呈直立状态立于田间,但联合收割机行走部经过的部分则呈完全倒地状态。

　　③ 脱粒后的茎秆如图 3.58 所示,有完全被脱粒的,也有一些附有未脱净籽粒的茎秆。

图 3.57 站秆脱粒收割台水稻收获后的痕迹

图 3.58 站秆脱粒后水稻(左端:收获前)

（2）性能特性

综合籽粒水分约为 24% w.b 的供试水稻糁塔的整体试验，由于试验条件(滚筒速度比 10.6～18.0)存在差别，在站秆脱粒收获的籽粒中，单颗籽粒占 55%～74%，再加上枝梗上未脱籽粒和破碎籽粒有 60%～80%。另外的 20%～40% 是小穗或断穗，因此有必要再脱粒。这次供试的糁塔品种水稻是中等难脱粒的品种，对于难脱粒的品种，估计其单颗籽粒的比例更低。脱下的茎秆(由站秆脱粒收割台与籽粒一起收取)的比例在收割台内部收集的茎秆占 8%～13%，与通常拨禾轮式收割台比较非常小。余下的 87%～92% 的茎秆站立状残留于田间。

　　① 滚筒速度比与收获性能的关系。

　　试验结果如图 3.59 所示。设定滚筒离地高度和可调罩壳高度,改变滚筒速度比,头部损失随滚筒转速比的增大而减小,滚筒速度比在 12 ~ 13 时损失最小。继续增大速度比时,头部损失反而又有增大的倾向。分析头部损失可看出,头部飞溅籽粒显示了与头部损失和滚筒速度比的关系相同的倾向,但它随滚筒速度比变化的比例小,而头部未脱净籽粒受滚筒转速比的影响大,并显示出其随滚筒随转速比增大而大幅下降。可以认为,这是由于滚筒转速比变大时,梳齿对作物作用的次数增加的结果。

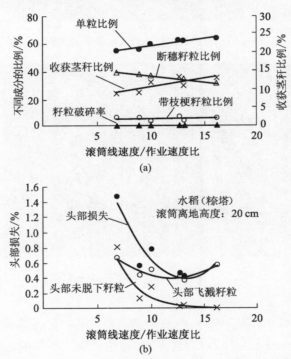

图 3.59　站秆脱粒收割台滚筒线速度/作业速度之比与脱粒性能的关系

　　另外,试验研究了收获籽粒的构成比例,结果是滚筒转速比增大时,单颗籽粒的比例增大,相反断穗的籽粒比例有减小的倾向。枝梗上未脱下的籽粒与滚筒速度比的变化基本无关。籽粒破碎率在任意试验区都小于0.2%,可以说很小。另外梳子状的脱粒齿作用于作物的次数增加,因此收获茎秆的比例在滚筒速度比增大时有增大的倾向。

② 滚筒离地高度与收获性能的关系。

图 3.60 显示了试验的结果。图中显示了将滚筒的速度比固定，滚筒离地高度分别为 10，20 和 35 cm 进行试验的结果，滚筒离地高度为 20 cm 时头部损失最小。滚筒离地高度降低至 10 cm 时，收获过分推压的作物籽粒变得困难。相反，高度达到 35 cm 时，可以预见未脱下籽粒增加。收获籽粒构成比例的测定结果表明，当滚筒离地高度增加时，单颗籽粒比例增加，断穗籽粒比例变少，但未脱净籽粒比例与滚筒速度比几乎无关。另外，籽粒破碎都在 0.2% 以下。收获茎叶的比例随着滚筒离地高度的增加而减小。

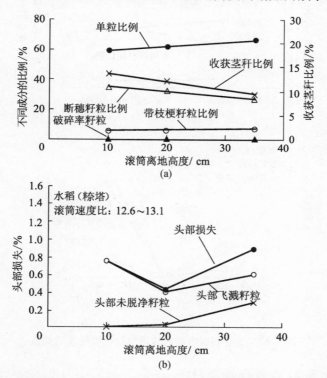

图 3.60　站秆脱粒收割台滚筒离地高度与脱粒性能的关系

③ 作物到伏程度和作业性能的关系。

图 3.61 显示了试验结果。根据作物倒伏程度差别研究了对作业性能的影响，与不倒伏的作物相比，收获倒伏作物时头部飞溅籽粒和头部未脱净籽粒都急剧增加。特别是顺着倒伏方向收获作物时，比逆着倒伏方向收获的

头部损失增加还要快,头部未脱净损失也急剧增大。同时,在顺割收获的籽粒中,枝埂上未脱下籽粒和破碎籽粒的比例与作物倒伏程度没有关系,几乎是定值,但单颗籽粒的比例小,相反断穗籽粒多。因此,可认为站秆脱粒收割台由于没有扶起作物的功能,完全不适合倒伏作物的收获。

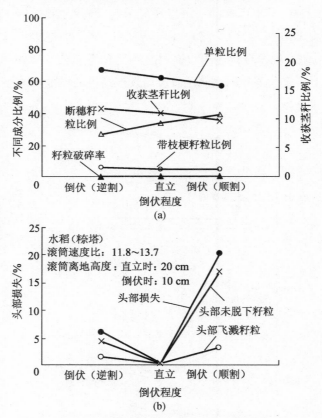

图 3.61　站秆脱粒收割台滚筒倒伏作物性能的关系

3.6.3　站秆脱粒联合收割机

　　站秆脱粒联合收割机在生研机物附属农场进行了田间收获性能试验。该机由前述的站秆脱粒收割台安装在具有螺旋形脱粒机构的通用型联合收割机上构成,构造如图 3.56 所示。试验时从样品回收袋中取样,被收割台收获的籽粒、茎秆输送到螺旋形脱粒清选装置进行处理。试验时将装有拨禾轮的相同的通用型联合收割机(拨禾轮式联合收割机)作为对比样机,试验以 3 种流量分别进行。

1. 供试品种

以生研机构附属农场种植的特优卡作为试验对象,其基本特征如表3.7所示,适期收获,脱粒难易程度与前述用生研机构脱粒试验装置测定的�塔品种一样属于中等。

2. 试验方法

（1）收割行数:站秆机 8 行,拨禾轮机 6 行,准备区间长 40 ～ 50 m,测定区间长 10 m。

（2）在测定区内,将头部损失籽粒（头部飞溅籽粒和头部未脱净籽粒）及出粮口、排草口、排尘口全量取样。试验结束后,用试验脱粒机和试验用风车从各种试样中收集籽粒。另外,从出粮口试样中随机抽取 660 g 试料,按不同要求分选,并根据这些测定结果求出以下性能指标值:

① 头部损失:头部损失籽粒对全部籽粒（头部损失籽粒、排尘口损失籽粒、排草口损失籽粒与出粮口籽粒之和）的质量之比。

② 脱粒清选损失:脱粒清选损失籽粒（排尘口损失籽粒与排草口损失籽粒之和）对全部籽粒（头部损失籽粒、排尘口损失籽粒、排草口损失籽粒与出粮口籽粒之和）的质量之比。

③ 籽粒损失:头部损失和脱粒清选损失之和。

④ 出粮口的不同成分比例:单颗籽粒、枝梗上未脱下籽粒、断穗籽粒、破碎籽粒和杂质对出粮口试样的质量之比例。

（3）将应变片贴在收割台动力输入轴和脱粒滚筒轴上,在测定扭矩的同时用转速表测定它们的转速,求出以下性能:

① 收割台功率:由供给收割台动力输入轴的扭矩和转速计算出所需功率。

② 脱粒部功率:由供给脱粒部动力输入轴的扭矩和转速计算出所需功率。

③ 收割·脱粒功率:收割台功率和脱粒部功率之和。

3. 试验结果分析

（1）作业精度

图 3.62 显示了两种联合收割机的作业速度与流量的关系。站秆脱粒联合收割机最大的谷粒流量可达 4.3 t/h,与最大谷粒流量为 2.0 t/h 的拨禾轮式联合收割机相比,是它的 2 ～ 2.5 倍。另外,站秆脱粒联合收割机的茎秆

流量极小,同样的作业速度时,约为拨禾轮式联合收割机的1/3。

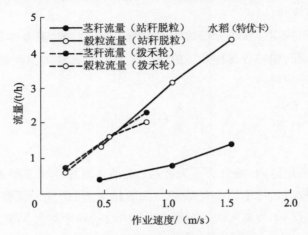

图 3.62　供试联合收割机的作业速度与流量的关系

图 3.63 显示了两种联合收割机籽粒流量与籽粒损失的关系。站秆脱粒联合收割机的籽粒损失(头部损失和脱粒清选损失之和)有随着谷粒流量的增加而稍有减少的倾向。从损失籽粒看,低流量区的籽粒损失大半为头部损失,流量增大时,头部损失减少,相反脱粒清选损失增大。和站秆脱粒收割台的性能相比,这次联合收割机试验的头部损失变大,其原因是一部分作物已倒伏,滚筒速度比不能恒固定。另外,拨禾轮式联合收割机几乎没有头部损失,但脱粒清选损失有 1.3% ~ 2.7%。

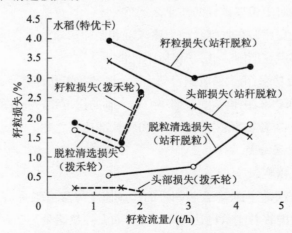

图 3.63　站秆脱粒联合收割机和拨禾轮式联合收割机的性能比较(1)

图 3.64 显示了两种联合收割机的籽粒流量与出粮口不同籽成分比例的关系。两种联合收割机的断穗籽粒比例和带枝梗籽粒比例都随着谷粒流量的增加而减小,而单粒籽粒的比例则有增大倾向。比较两种联合收割机,毫无疑问,站秆机比拨禾轮机的断穗籽粒、枝梗未脱净籽粒、破碎籽粒几项的比例都稍高,但问题不大。两种联合收割机含杂率都小于 0.2%。

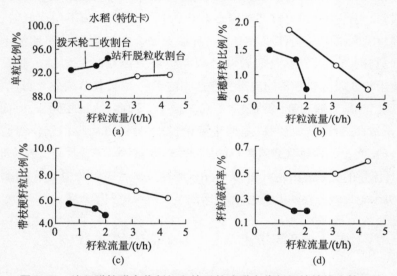

图 3.64 站秆脱粒联合收割机和拨禾轮式联合收割机的性能比较(2)

比较站秆含杂率脱粒收割台收获时的状况与站秆脱粒联合收割机出粮口的状况做比较,虽然品种和水分有差别,但是站秆脱粒联合收割机含有20% ~ 40%稻穗和断穗籽粒的物料经再脱粒后急速下降到 0.6% ~ 1.8%,因此,站秆脱粒联合收割机螺旋形脱粒装置的脱粒效果可以确认。复脱后破碎籽粒有所增加,都小于 0.6%。图3.65 显

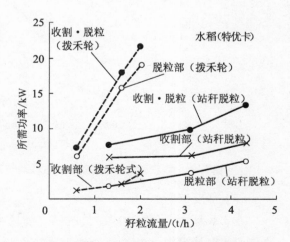

图 3.65 站秆脱粒联合收割机所需功率

示了两种联合收割机的谷粒流量和所需功率的关系。收割台功率和脱粒部功率及两者之和(即收割·脱粒功率)都随谷物流量的增加而增大。

收割台功率和脱粒部功率相比较,站秆脱粒联合收割机收割台的功率比脱粒部的功率大,为脱粒部功率的 2 ~ 3 倍。另外,拨禾轮式联合收割机的脱粒部功率比收割台的功率大,并随谷粒流量的增加而急剧增大。

将收割台功率和脱粒部功率之和作为切割·脱粒功率做比较时,若谷粒流量相同,必然是茎秆流量小的站秆脱粒联合收割机的功率比拨禾轮式联合收割机的小。在站秆脱粒联合收割机最大流量时的切割·脱粒功率下,拨禾轮式联合收割机的流量只能达到前者的 1/4,其节能效果可以肯定,主要原因是前者脱粒部(复脱)所需功率极小。因此,流量相同,一方面当然是由于站秆脱粒联合收割机茎秆流量相当小,另一方面也由于供给脱粒部的茎秆长度比拨禾轮联合收割机的短,图 3.66 显示了联合收割机脱粒部功率与茎秆流量的关系。由此可知,装有站秆脱粒收割台时谷粒损失虽稍有增加,但和拨禾轮式联合收割机相比,其显著的节能效果得到了肯定。

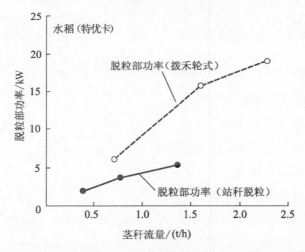

图 3.66　脱粒联合收割机的水稻收获脱粒部功率与茎秆流量的关系

(2) 作业效率

表 3.8 显示了分别根据站秆脱粒式和拨禾轮式联合收割机的割幅和最高作业速度计算出的各自理论作业量的比较。结果显示,站秆脱粒联合收割机与拨禾轮式机相比,由于割幅增宽了 30%,其作业速度提高了近 2 倍,

可期待作业效率能提高 2.5 倍。

表 3.8 联合收割机的理论作业量

机种	品种	割幅/cm	作业速度/(m/s)	理论作业量/(a/h)
装有站秆脱粒收割台的通用型联合收割机	特优卡	240	1.52	131.3
装有拨禾轮式收割台的通用型联合收割机	特优卡	180	0.84	54.4

注：作业速度为性能试验时最高速度。

（3）残余茎秆处理

经站秆脱粒联合收割机收割后,残余的茎秆整体基本直立于田间。这些残秆在收获作业结束后的 2 个多月,仍原封不动地立于田间,依生研机构附属农场的气候,残秆不会枯萎后腐烂。在这种情况下,要么烧了残秆(但此时由于仍然不能进行耕耘作业,要利用旋耕机犁刀进行再处理),要么用传统的联合收割机收获回收茎秆,或是切碎茎秆还田。但是该方法对确立节能的收获系统而言未必是上策。为此对于残余的茎秆,有必要采用在收获的同时切断茎秆等有效处理方法进行技术开发。

3.6.4 结论

站秆脱粒收割台对日本水稻的适应性可归纳为:虽籽粒损失稍大,但对不倒伏的水稻而言,滚筒离地高度一定时,若调节滚筒的圆周速度使滚筒速度比达到 12 ~ 13 时,可实现传统联合收割机作业速度的 2 ~ 3 倍的高速作业,不仅适应大型规划化的田块,而且可以认为这是实现收获作业低成本化,并能大幅度节约能源的技术。

但是,站秆脱粒收割台存在的问题有:① 对倒伏作物适应性差;② 有必要解决残余茎秆处理问题等。要在广大的日本稻作区普及,必须考虑解决这些问题的对策。

本文研究了海外开发的站秆脱粒收割台及装有这种收割台的通用型联合收割机(即站秆脱粒联合收割机)对于日本型水稻的适应性。

① 用站秆脱粒收割台收获时,以传统联合收割机 2 ~ 3 倍的速度,即 1.5 ~ 2.0 m/s 的高速作业是可能的。

②　若将滚筒的圆周速度调整到与作业速度相适应,头部损失可明显减少。

③　若根据作物的高度和倒伏程度将滚筒离地高度调节适当,头部损失可明显减轻。

④　收获倒伏水稻头部损失增大,特别是"顺割"时更为显著。

⑤　从站秆脱粒联合收割机脱粒情况看,由站秆脱粒收割台收取的籽粒中有20%～40%的小穗或的籽粒,但这些断穗籽粒经通用型联合收割机螺旋形脱粒机构处理后可降至2%以下,作为联合收割机的实用性可以得到肯定。

⑥　站秆脱粒联合收割机和拨禾轮式联合收割机相比,虽头部损失稍大,但可期待脱粒功率减少2～3倍。因此,可以认为站秆脱粒联合收割机是实现低能耗和低成本的收获技术。

⑦　如上所述,本次供试的站秆脱粒方式,可以认为对日本水稻的适应性是很高的,但为了普及到广大的日本水稻产区,需要提高其收割倒伏作物的适应性和开发实用的残余茎秆处理技术。

3.7　关于站秆脱粒的研究(2)
——小麦性能试验[11]

本研究对收获水稻适应性的站秆脱粒收割台进行了小麦性能试验,并对装有相同站秆脱粒收割台的联合收割机收获小麦的适应性进行了研究。经一系列试验,在明确了收割台滚筒圆周速度与作业速度之比和作业性能、作物倒伏状态与作业性能的关系的同时,鉴于这种收割台的节能效果,确认了它具有比拨禾轮式收割台的联合收割机高出2～3倍的速度进行高速作业的可能性。另外,对站秆脱粒存在问题之一的茎秆处理方法,也一并进行研究。

本研究以实现谷物收获的低成本化和节能化为目标,在调查了由国外开发成功,并正在推广应用的站秆脱粒收割台对日本水稻和小麦的适应性的同时,对这种收割台装有螺旋形脱粒装置的通用型联合收割机的作业性能也同时进行了研究。在第1报中,对站秆脱粒收割台的基本结构及其对水稻收获的性能特点,以及对装有这种收割台的通用型联合收割机的作业性能和节能效果等做了报告。本报将对装有这种收割台的通用型联合收割机收获小麦的性能,特别是对站秆脱粒收割后残余茎秆的处理方法做出报告。

3.7.1　站秆脱粒收割台

1. 试验项目

与第 1 报所述的水稻收获那样,为了调查站秆脱粒收割台小麦收获的性能特点,在生研机构试验农场进行了以下 3 个项目的试验。

(1) 滚筒圆周速度与作业速度比和性能的关系

为了求得合适的滚筒速度,固定滚筒离地高度(20 cm),滚筒圆周速度与作业速度比(以下称滚筒速度比)在 6.5 ~ 20.0 范围内,分 4 段进行收获试验,研究站秆脱粒试验台的性能特点。

(2) 滚筒离地高度与性能的关系

为了求得适合的滚筒离地高度,将滚筒速度比设定为 12 ~ 13,对滚筒离地高度分为 10,20,35 cm 共 3 段进行收获试验,研究站秆脱粒收割台的性能特点。

(3) 倒伏程度和性能的关系

分别对倒伏状态的小麦进行逆割和顺割的收获试验,调查站秆脱粒收割台对于倒伏作物的适应性。

2. 供试品种

表 3.9 为站秆脱粒收割台及后述的站秆脱粒联合收割机的供试小麦(农林 61 号)的特性。

表 3.9　供试小麦的特性

试验种类		站秆脱粒收割台性能试验	站秆脱粒联合收割机性能试验
品种		农林 61 号	
栽植样式		条播	
行距/cm		60.0	
作物全长/cm		88.0	
站立角/(°)		78.5	
水分	籽粒/%	21.5	19.1
	茎秆/%	52.9	48.2
产量/(kg/10a)		390	

注:按籽粒水分 12.5% 换算小麦产量。

3. 试验方法

试验采用与第 1 报相同的方法进行。收割 4 行,测定区长度为 6 m,试验结束后,为了求得不同成分和收获茎秆的比例,对于籽粒,应收集落在田间的籽粒(头部飞溅籽粒)、站立茎秆上的籽粒(头部未脱下籽粒)及样品回收袋内的籽粒;对于茎秆,要收集田间站立的茎秆和样品回收袋中的茎秆。对取样进行整理分类,求出头部损失、不同成分的比例及收获茎秆的比例。籽粒各成分的比例的计算方法为:将样品回收袋中的单颗籽粒、包皮籽粒、断穗籽粒及破碎籽粒分别与样品回收袋中所有籽粒质量之比即为各成分的比例。

4. 试验结果与考察

（1）收获情况

关于站秆脱粒收割台收获小麦的情况,归纳如下:

① 对于基本呈直立状态的供试小麦(农林 61 号),以 1.5 m/s 的高速进行收割,在发动机功率充足的情况下,能顺畅进行收获作业。

② 收获后的痕迹与水稻有所不同,残余茎秆在田间的状态很杂乱,图 3.67 显示了用站秆脱粒收割台收获小麦后的痕迹,可看出有很多折断状态的残秆。行走履带压过的残秆既有被切断又有被折断,呈完全倾倒状态。

③ 观察完全站立状态的残秆可知,大部分茎秆已完全脱粒,未脱净的少。

图 3.67　用站秆脱粒收割台收获小麦后的痕迹

（2）性能特点

综合籽粒水分为 22% w.b 的供试小麦(农林 61 号)的试验情况,由于试验条件(滚筒速度比为 6.5 ~ 20.0)存在差别,由站秆脱粒收割台收获的籽粒中,显示了单颗籽粒所占比例达到 65% ~ 89%,比水稻收获还要高。但是,余下的 11% ~ 35% 为单籽粒以外的小穗或断穗,有必要再脱粒。另外收获茎秆的比例,即由站秆脱粒收割台与籽粒一起被收获进入收割台内部的茎秆有 20% ~ 25%。

① 滚筒线速度与作业速度比和收获性能的关系。

图 3.68 显示了当滚筒离地高度不变时,改变滚筒圆周速度与作业速度比(滚筒速度比)的试验结果,由图可知,头部损失有随滚筒速度比的增大而减小的趋势。头部损失中大半为头部飞溅籽粒,而头部飞溅籽粒和头部未脱净籽粒在滚筒速度比为 20 时最小。

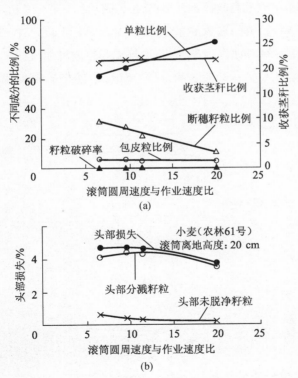

图 3.68　站秆脱粒收割台的滚筒圆周速度与作业速度之比和收获性能的关系

从收获的籽粒看,破碎籽粒的比例在各试验区均低至 0.1% 以下,且随着滚筒速度比的增大,单颗籽粒比例增大,断穗籽粒比例和包皮籽粒的比例有减小的趋势。这时,随着滚筒速度比的增大,未脱净籽粒减少,收获籽粒中单颗粒化提高快,可以认为是由于小麦比水稻易脱粒,且滚筒速度比高时,梳子状脱粒齿的梳脱次数增加的原因造成的。另外,在滚筒速度比改变的情况下收获茎秆的比例约为22%,余下78%的茎秆在联合收割机通过后,变得残败不堪地站立于田间。

② 滚筒离地高度和收获性能的关系。

图3.69 显示了站秆脱粒收割台离地高度与性能的关系。图中显示了将速度比固定不变,改变滚筒高度,在高度分别为10,20和35 cm进行试验测定的结果,滚筒离地高度越低头部飞溅籽粒增加越快,但头部未脱净籽粒没有很大变化。因此可以认为,这是由于小麦容易脱粒,滚筒离地高度低时作物前倾,脱下的籽粒没有收回而落到地上造成的。分析收获的籽粒中,破碎的籽粒和上述试验一样,各次试验其值都在0.1%以下,但在滚筒离地高度为10 cm时,单颗籽粒比例为最大,断穗籽粒和包皮籽粒反而最小。另外,收获茎秆的比例在18% ~23%之间,滚筒离地高度为20 cm时最多。

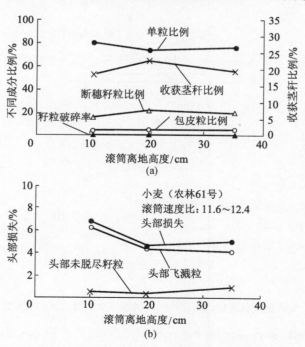

图3.69 站秆脱粒收割台离地高度与性能的关系

③ 倒伏程度和收获性能的关系。

图 3.70 显示了站秆脱粒收割倒伏状态与脱粒性能的关系。由图可知，对作物在不同倒伏程度的性能试验结果，和收获倒伏水稻时的情况一样，作物在倒伏状态下，头部损失、头部未脱净损失都比作物直立状态时的大。特别是在顺割时，头部损失比逆割时大很多，这是由于头部飞溅籽粒和头部未脱净籽粒增加，尤其是头部飞溅籽粒的急增所致。其原因可以认为，由于供试收割台没有扶起作物的功能，又因小麦容易脱粒，在作物倒伏状态下，梳子状脱粒齿没有梳到整个作物，即使梳到，脱下的籽粒也掉落在地面所致。因此，和站秆脱粒收割台不确定是否适合收割倒伏水稻一样，也不确定它是否适合收割倒伏小麦。为了提高收割台的扶起性能，对是否可以在收割台前面另外安装扶起装置，以及收割台的自身结构等在今后的研究中需重新考虑。

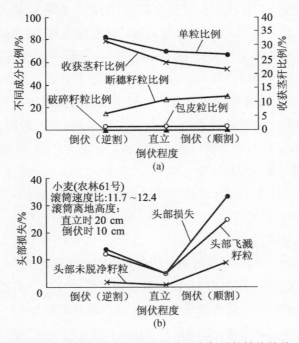

图 3.70　站秆脱粒收割作物的倒伏程度与脱粒性能的关系

由图 3.70 可知收获籽粒的情况，破碎籽粒占 0 ~ 0.1%，包皮籽粒占 3.7% ~ 4.0%，且不随倒伏程度的改变而变化。单颗籽粒的比例在逆割时最大，相反断穗籽粒的比例变小。收获茎秆的比例占 21% ~ 32%，在逆割情况下比例急增,可以认为由于逆向收割,梳子状脱粒齿易切断茎秆,故由此引起收获茎秆的比例增大。

3.7.2　站秆脱粒联合收割机

对装有上述站秆脱粒收割台,具有螺旋形脱粒装置的通用型联合收割机进行了性能试验。试验时,装有拨禾轮式收割台的通用型联合收割机作为对比样机,对 3 种不同流量工况,在生产研究机构附属农场进行试验。供试小麦(农林 61 号)特性如表 3.9 所示。

1. 试验方法

① 收割行数:站秆脱粒收割台收 4 行,拨禾轮式收割台收 3 行,准备区长 40 ~ 50 m,测定区长 10 m。

② 在测定区内,需收集头部损失籽粒(头部飞溅籽粒和头部未脱净籽粒)及出粮口、排草口、排尘口的全部试料。试验结束后,利用试验用脱粒机和试验用风扇把从排草口和排尘口接取的试料进行加工并清理出籽粒,按第 1 报中的方法清理出各种各样的籽粒以研究收获性能。另外,从籽粒试料中随机取出 600 g 并按不同成分分开。根据这些结果得出脱粒性能。出粮口样品各成分的比例的计算方法为:分别求出单颗籽粒、断穗籽粒、包皮籽粒、破碎籽粒和杂质对于出粮口试样的质量之比即为各成分的比例。

③ 将应变片贴在收割台动力输入轴和脱粒滚筒轴上,测定各自的扭矩,并同时测定它们的转速,分别求出收割部功率、脱粒部功率、收割·脱粒功率。

2. 试验结果与考察

(1) 作业精度

图 3.71 显示了两种联合收割机的作业速度和流量的关系。站秆脱粒联合收割机可以达到拨禾轮式联合收割机 2 倍的籽粒流量。但通过站秆脱粒联合收割机脱粒部的茎秆流量是拨禾轮式联合收割机的 1/2。

图 3.72 显示了两种联合收割机籽粒流量和作业精度的关系。比较脱粒损失可知,虽然站秆脱粒联合收割机可以达到拨禾轮式联合收割机 2 倍的籽粒流量,但其籽粒损失比拨禾轮式联合收割机的多。它比拨禾轮式联合收割机多的原因是小麦容易脱粒,梳子状脱粒齿脱下的籽粒没能收集到收割台而落下、飞散造成脱粒损失。这些损失的 2/3 以上是以飞溅损失为主体的头部损失。

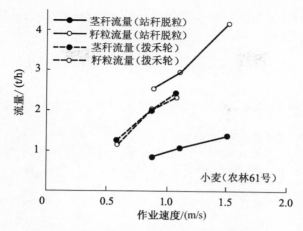

图 3.71　供试联合收割机的速度与流量的关系

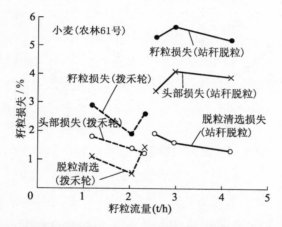

图 3.72　站秆脱粒联合收割机和拨禾轮式联合收割机的性能比较（1）

图 3.73 显示了两种联合收割机籽粒流量和出粮口不同成分的比例。当籽粒流量增加时,两种联合收割机的断穗籽粒比例和包皮籽粒比例都呈减少趋势,而单颗籽粒比例呈增加趋势。比较两种联合收割机的断穗籽粒比例和包皮籽粒比例,站秆脱粒联合收割机比拨禾轮式联合收割机的稍大,可不考虑。在破碎籽粒方面,站秆脱粒联合收割机稍多,但各试验区籽粒破碎率都小于 0.5%。关于杂质含量,两种联合收割机都在 0.3% 以下。比较站秆脱粒收割台收获时的处理情况和站秆脱粒联合收割机出粮口的处理情况,前者 11% ～ 35% 的小穗和断穗籽粒,后者急降到 0.5% ～ 0.8%。这是

站秆脱粒联合收割机螺旋形脱粒装置能使小穗和断穗籽粒单粒化功能充分发挥的结果。

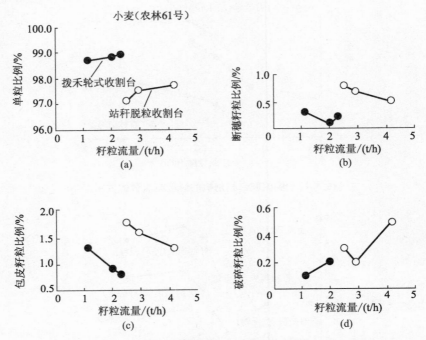

图 3.73　站秆脱粒联合收割机和拨禾轮式联合收割机的性能比较(2)

图 3.74 显示了两种联合收割机籽粒流量和所需功率的关系。收割部的功率、脱粒部的功率及其作为切割·脱粒合计功率,都随籽粒流量的增加而增大。比较收割台部和脱粒部的功率,站秆脱粒联合收割机收割台部的功率比脱粒部的大,前者为后者的 3～4 倍。而拨禾轮式联合收割机脱粒部的功率比收割部的大,并有随籽粒流量增加而急剧增大的趋势。

将收割台部和脱粒部功率之和的切割·脱粒功率做比较,在相同籽粒流量时,必然是茎秆流量小的站秆脱粒联合收割机的切割·脱粒功率比拨禾轮式联合收割机的小。站秆脱粒联合收割机最大籽粒流量时的切割·脱粒功率,与籽粒流量为其 1/2 的拨禾轮式联合收割机的切割·脱粒功率相同。和收获水稻一样,站秆脱粒联合收割机较好的节能效果得到了确认。

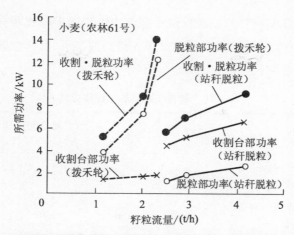

图 3.74　站秆脱粒联合收割机和拨禾轮式联合收割机所需功率比较

对站秆脱粒收割台收获与由拨禾轮式收割台收获做比较，由于送到脱粒部的茎秆量少，茎秆的长度也短，可以认为是图 3.75 所示的脱粒部功率低的结果。但是作为评价节能效果的脱粒部功率和切割・脱粒功率比收水稻时小，这是由于小麦茎秆比水稻容易切断且小麦脱粒容易，拨禾轮式联合收割机脱粒部功率比收获水稻时小。另外，使用站秆脱粒收割台时，收获茎秆的比例比收水稻时的高。

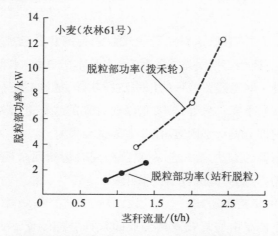

图 3.75　站秆脱粒联合收割机和拨禾轮式联合收割机脱粒部功率比较

（2）作业效率

表 3.10 显示了由割幅和最高作业速度计算出的两种联合收割机的理论

作业量。由表 3.10 可知,站秆脱粒联合收割机比拨禾轮式联合收割机的割幅大 30%,在其作业速度为拨禾轮式 1.5 倍的情况下,其作业效率可望达到拨禾轮式联合收割机的 2 倍之多。

表 3.10　联合收割机的理论作业量

机种	品种	割幅/cm	作业速度/ (m/s)	理论作业量/ (a/h)
装有站秆脱粒收割台的通用型联合收割机	农林 61 号	240	1.50	129.6
装有拨禾轮式收割台的通用型联合收割机	农林 61 号	180	1.07	69.3

注:作业速度为性能试验最高速度。

3.7.3　站秆脱粒残秆处理方法的探讨

1. 站秆脱粒收割台存在的问题

通过对供试水稻和小麦的试验表明,站秆脱粒收割台具有实现联合收割机收获高速化和高效率化的技术优点,可加以利用,但是也存在收获倒伏作物的适应性差、残余茎秆处理困难和麦类收获作业精度有待提高等问题。

特别是残余茎秆问题,这对站秆脱粒收割台的普及已成为一个大的障碍。也就是说,若残余茎秆呈站立的状态,在日本的气候、水土下,任其慢慢腐烂是不可能的。对有残留茎秆的田块进行耕作、播种或是插秧作业,机器的作业精度必然要下降。另外,若要重新对站立的残秆进行处理,联合收割机行走部压过的部分就特别困难,作业效果也会很差。

解决这个问题的方法之一是,在收获的同时切断残余茎秆。该方法可以认为是有效的,为此对其进行了技术开发。

2. 残秆处理装置的试制

试制了上下两层由往复式割器构成的残秆处理装置,用于站秆脱粒收割台收获作业的同时处理站秆脱粒后遗留下来的残余茎秆。

(1) 设计概要

① 采用在履带碾压残秆之前进行处理的方案。

② 切割方式,用刀片节距为 50 mm 的往复式切割器进行。

③ 切割器分上下两层,上层切割器位于下层切割器的前面。

④ 割茬高度控制在 10 cm 左右。

(2) 基本结构

试制的残余茎秆处理装置如图 3.76 所示,安装在站秆脱粒收割台的后方。

图 3.76　试验用残余茎秆处理装置

站秆脱粒收割台收获后站立在田间的残余茎秆,由于站秆脱粒收割台的底面之故呈前倾的状态进入残秆处理装置。残秆处理装置的构造为上层割刀先切断残秆上部,再由下层割刀切断剩余的残秆。上、下割刀的切割速度都是 1.2 m/s,为了很好地切断前倾的残余茎秆,下层切割器与常用切割器一样具有 7° ~ 10° 的切断角,上层切割器的切断角增大至 40°。

(3) 工作状态观察

表 3.11 显示了供样机试验的水稻(特优卡)的试验工况,试验研究了残余茎秆的切割情况。图 3.77 为试验用残余茎秆处理装置的切割情况,图 3.78 为切割后的残余茎秆样本。

表 3.11　试验工况(残秆处理)

品种		特优卡	上割刀	节距/mm	50
水分	籽粒/%	18.1		切断速度/(m/s)	1.2
	茎秆/%	67.0	下割刀	节距/mm	50
作物全长/cm		102.2		切断速度/(m/s)	1.2
站立角/(°)		78.1			

图 3.77　试验用残余茎秆处理装置的切割情况

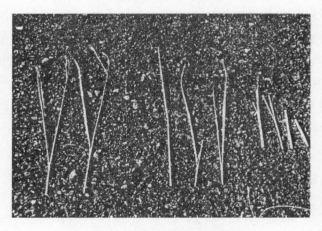

图 3.78　切割后的残余茎秆样本

　　其结果是,作业速度达到 1 m/s 也可以进行稳定作业,但进一步增大作业速度时,发现由上层切割器切断的茎秆堆积在下层切割器上的情况,因此有必要对其进行改进。另外,残余茎秆的切断长度由上层割刀切断的茎秆长约 40 cm,下层切割器切断的茎秆长 10～20 cm,如表 3.12 所示。

表 3.12　残秆处理试验结果

试验区	作业速度/(m/s)	割茬高/cm	残余茎秆处理	
			上割刀切断茎秆长/cm	下割刀切断茎秆长/cm
1	0.2	17.8	39.8	20.8
2	0.5	13.0	38.2	15.0
3	0.8	20.6	41.0	17.4

如上所述,关于站秆脱粒收割台的问题之一——残余茎秆处理问题,对收获作业同时进行再切割的方法进行了探索,其结果是虽然高速作业时作业的顺畅性有必要改进,但作为实用技术的可能性是肯定的。

3.7.4　结　论

站秆脱粒试验台对于小麦收获的适用性及今后的课题,综合起来表述如下:和水稻一样,对于不倒伏的小麦,若滚筒圆周速度和滚筒离地高度调整适当,有可能用传统联合收割机 2 倍的速度进行高速作业,可以认为是对实现田间大规划、作业低成本化和收获作业节能化做出重大贡献的技术。另外,与水稻收获相比,存在的问题籽粒损失大,特别是头部损失比较大,对倒伏作物适应性低,必须安装残秆处理装置等。特别是对于倒伏作物的适应性和残余茎秆处理问题与水稻收获共同存在。作为可能成为节能收获的技术,为了广泛应用于水稻和小麦的收获,这些问题应尽早得到解决。

本研究利用海外开发的站秆脱粒收割台研究了其小麦收获的适应性,同时也对残秆处理方法进行了探索。

① 利用站秆脱粒收割台,可实现拨禾轮式联合收割机的 2 倍,约 1.5 m/s 的高速作业。

② 在滚筒速度比为 6.5～20,滚筒离地高度为 10～35 cm 时,随着滚筒速度比和滚筒离地高度的增加,头部损失有减少的趋势,头部损失的大部分为头部飞溅损失。

③ 站秆脱粒收割台收获倒伏小麦时,特别在顺割的场合,和收获水稻一

样头部损失呈急剧增加的趋势。

④ 站秆脱粒联合收割机与拨禾轮式联合收割机相比,虽然其头部损失大,但由于脱粒所需功率减小,可期待实现后者 2 倍的高作业效率。因此可以认为,站秆脱粒收割技术是一项能对收获作业实现低成本和节能化做出重大的贡献的技术。

⑤ 但是为了广泛应用于日本的水稻和小麦收获作业,有必要对倒伏作物的适应性和实用的残余茎秆的处理方法进行开发。

为此,在联合收割机收获作业的同时,进行了残余茎秆再切断的探索,并已显示了它的可行性。

第4章

相关理论研究(2)

4.1 基于谷物籽粒流量变化调整清选风机的研究[12]

4.1.1 概述

半喂入联合收割机利用清选风机的风将谷物籽粒从其他杂质中分离出来。虽然联合收割机操作者能控制风速大小,但通过确定谷物籽粒的流量大小来控制风速,使其达到最佳值是很难的。本研究使用市售的扬谷机进行试验:① 研究在扬谷机风机不同转速下,谷物损失率和谷物喂入流量的关系,以减少因谷物流量变化带来的损失。② 控制扬谷机风机转速使它适应谷物流量的变化,保持设定的谷物损失率。这样就能够确定不同风速下谷物损失与谷物喂入流量之间的关系,并能在设定谷物损失范围内调节风机转速适应谷物流量变化。

半喂入联合收割机使用的风力清选装置通常采用离心风机。离心风机的风速可通过改变进风口的尺寸或者调节风机转速来控制。在实际操作中,籽粒和短茎秆的流量与收割机收获时的收割宽度、收割速度和收割量相关。因此,可通过调节风机的风速使之和谷物喂入流量变化保持一致,以减少谷物损失和谷物中的杂余量。

谷物和短茎秆的喂入流量变化频繁,有学者通过研究风力清选装置的运动特性,也有人通过研究风机引起的风压变化。关于调节风力清选装置和振动筛来配合谷物喂入流量的文献,只是集中在脱粒装置范围内的研究。因此,参考这些研究来调节风机的风速还是很难的,因为这些研究的结果都受振动筛和吸引风机的影响。本研究集中研究谷物和风力清选机的关系，理清在不同风机转速下谷物损失和谷物喂入流量的关系。这样在谷物喂入流量变化的情况下，通过调节风机转速保证谷物损失在理想的范围内。本研究研究出一种通过调节风机转速以减少谷物损失的自动控制系统。为了方便测试，在市售扬谷机上安装一个计数传感器，准确测量谷物喂入流量，弄清楚在特定风机转速时谷物损失和谷物喂入流量变化的关系。另外，使用了市售程序装置来控制离心风机的转速，使它和谷物喂入流量保持一致，以此达到预定的谷物损失率。

4.1.2　试验装置和试验方法

1. 试验装置结构

本研究使用的扬谷机如图 4.1 所示，风机直径为 350 mm，宽 375 mm，有 3 块叶片，分离室宽 400 mm，从风扇轴到分离室端壁长 640 mm，谷物漏斗和闸门在风机上方，通过闸门可调节谷物流量，在风机出风口外有两个出料口，用来测量谷物流量的计数传感器安装在清洁籽粒出料口的前方和风机的下方。风机通过传动皮带由固定速度的电动机驱动（皮带轮的节圆直径

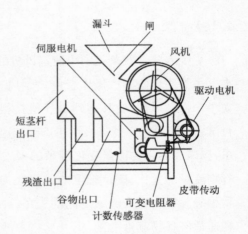

图 4.1　扬谷机

可受伺服电机驱动的凸轮改变），风机转速在 830 ～ 970 r/min 的范围内，热线风速计用来测量不同风机转速下的风速，有 28 个风速测量点（在出风口划分 4 个高度，沿每个高度横向设 7 个测量点），由这些数据求出平均风速。测量凸轮相位的可变电阻安装在皮带传动装置的驱动轴上。计数传感器与市售程序装置的输入端相连，程序装置是控制器，与可变电阻通过 AD 转换器相连。伺服电机驱动凸轮，它和程序装置的输出端相连，伺服电机可正反转。

2. 不同风速时谷物损失和籽粒流量的关系

数字测速器可显示风机速度,记录不同速度时可变电阻的电压。每次测试中的流量(539 ~ 2 187 kg/h)通过漏斗下的闸门设定,谷物的质量通过台秤测出,秒表测出喂入时间,经计数传感器传给数据记录器。设定 7 个不同的风机转速(890,900,910,920,935,950,960 r/min)测量籽粒损失,测出每个速度漏下的籽粒。

3. 控制试验

风机扬风使谷物分开,籽粒散开的曲线与空气中的温度、压强和谷物的形状或质量有关。在控制试验中,谷物的损失率需达到 0.5% 并能保持其值不变。由于空气密度受温度,籽粒质量受水分影响,有可能达不到想要的结果。因此,考虑到在控制试验中不同谷物喂入流量时谷物损失的变化,在试验前先计算出谷物损失和 7 个测试谷物喂入流量之间的关系。为了达到谷物损失率为 0.5%,把计数器得到的数据和 7 个测试谷物喂入流量进行比较。风机风速可由电压控制(可变电阻电压与风机转速近似呈线性变化,可变电阻电压从 0.5 V 增大到 3.5 V 时,风机转速从 900 r/min 增大到 960 r/min),通过程序装置调节伺服电机以此达到所需的风机转速。试验于 2000 年 12 月进行,谷物采用 1999 年收获的 Hinohikari 水稻,其含水量为 14%。每次试验将稻子从漏斗喂入。调节闸的角度时,可得到 5 组不同试验的谷物喂入流量(在最低和最高的流量之间),谷物喂入流量通过计数传感器测出,可变电阻的电压加载到伺服电机上,测出出料口排出的谷物质量。

4.1.3　试验结果

1. 不同风机风速下谷物损失和谷物流量间的关系

风机平均风速和风机转速成正比:当风机转速从 850 r/min 增大到 950 r/min 时,平均风速从 11.3 m/s 提高到 13 m/s。不同风机转速时谷物损失率和谷物喂入流量之间有很强的相关性。当谷物喂入流量很小,风机风速不同时谷物损失曲线几乎保持水平——如喂入流量小于 1 000 kg/h,风机转速 890 r/min 时,谷物损失均为 0.4% 左右;喂入流量为 935 r/min 时谷物损失均为 0.6% 左右;喂入流量为 960 r/min 时谷物损失均大于 0.8%;然而当喂入流量继续增大时,谷物损失曲线下降很快,如喂入流量达到

2 000 kg/h,风机转速 890 r/min 时,谷物损失约为 0.2%;喂入流量为935 r/min时谷物损失约为 0.3%;喂入流量为 960 r/min 时谷物损失大于0.5%。由此可得出:① 谷物喂入流量较小时,风机转速可大致不变。② 当谷物喂入流量较大时,应能迅速调节风机转速,以与快速变化的谷物喂入流量保持一致。

2. 控制试验

在试验前测试得出不同风机风转速时谷物损失和喂入流量间的关系,其结果和之前的测试结果相似,但谷物损失比之前的大:流量小于 1 000 kg/h,风机转速为 890 r/min 时,谷物损失约为 0.5%;风机转速为 920 r/min 时谷物损失约为0.7%;风机转速为 970 r/min 时谷物损失大于 1.1%;流量达到2 000 kg/h,风机转速为 890 r/min时,谷物损失约为 0.3%;风机转速为920 r/min时谷物损失约为 0.4%。考虑到水稻籽粒的质量随着水分含量影响的降低而减小,因温度降低引起的空气密度的增大使水稻籽粒受力增大。风机转速随谷物喂入流量变化而改变,喂入流量在最小值和最大值之间变化时,风机转速变化应和谷物喂入流量变化保持一致。在控制试验过程中,设定的谷物喂入流量在临界值左右变化时,因为要频繁改变风速,风机转速很不稳定,需通过修改控制程序解决。测量谷物喂入流量的时间可以长些。控制试验结果显示最大的损失率达 0.53%,最小的为0.47%,所有测试的平均损失率为 0.5%,标准偏差为 0.03%。由这些结果可得出,调节风机转速,使之配合谷物喂入流量,可使谷物损失率达到 0.5%。

在扬谷机上安装计数传感器可测量谷物喂入流量,同时也可测量不同风速下的谷物损失率,风机转速可基于这些数据进行调节。为了得到理想的水稻损失率,需做到以下几点:① 当谷物流量较小时,风机转速调节到大致匹配值;② 在谷物流量较大时,随着流量变化快速调节风机转速。由此可知,如果测量得到在不同风机风转速时的谷物损失和喂入流量,就能在控制程序中设定适当的临界值来保持理想的损失率。

◉ 编译者评述

该研究深入细致地探讨了在谷物籽粒流量变化的情况下如何调整清选风机转速,使清选损失得到有效控制;摸清了在不同风速下谷物损失和籽粒流量的关系,提出了通过调节风机转速使它适应谷物流量变化,保持设定的谷物损失率的方法。本研究只涉及清选风速和喂入流量 2 个因素对谷物损失的影响,而全喂入联合收割机的清选损失还受到振动筛的影响,半喂入联合收割机除受到振动筛影响外还受到排尘吸风机的影响。

4.2　清选风作用下稻谷飞行轨迹研究[13]

　　脱粒装置的清选效果可以通过调整空气流场、优化籽粒和颖壳运动轨迹得到改进。本研究试图了解水稻籽粒的运动轨迹,检测籽粒方向的改变而引起阻力和升力系数的变化情况。研究表明,阻力和升力系数可以由籽粒运动方向的三角函数表示。在二维平面上建立方程式,可计算出其运动轨迹,并得出籽粒的终端速度。该结果对在清选风作用下稻谷飞行轨迹的研究具有重要意义。

　　半喂入联合收割机的脱粒装置利用清选风机将水稻籽粒和碎茎叶、粉尘和草子等分离。清选风机对去除脱粒时产生的杂余起关键作用。通过调整风速流场,改变籽粒和杂余的运动轨迹,故此可提高脱粒装置的清选效果。因此,从动力学的角度来看,弄清风机出来的风速分布区和籽粒在清选流场中的运动轨迹具有重要意义。

　　本研究的目的是准确地预测清选室中籽粒在风力作用下的运动轨迹。一般情况下,一个物体在三维空间中除了受到阻力、升力和侧向力的作用外,还会受滚动、偏移、翻转等力矩的影响。在二维平面中研究水稻籽粒在清选风作用下的运动状态将获得更准确的数据,因为它包含了纵横两个方向。本研究忽略了侧向力和滚动力矩,只考虑升力和阻力的作用。升力和阻力对水稻籽粒运动的影响与风速、籽粒形状、籽粒投影面积有关。

　　本研究的内容有:① 在籽粒受力分析的基础上,构建水稻籽粒垂直运动动力学方程;② 验证水稻籽粒在不同位置和不同风向时,水稻籽粒的投影面积、脱粒系数和阻力系数之间的关系;③ 脱粒系数是用来计算籽粒的终端速度,本研究将此结果与以前的研究结果进行了比较;④ 用高速摄像机拍摄水稻籽粒在清选室内一定风速作用下的运动轨迹;⑤ 在相同工况下,用水稻籽粒在垂直方向的动力学方程模拟水稻籽粒的运动轨迹,并将研究结果与试验结果进行比较;⑥ 基于以上分析,计算水稻籽粒的质量与投影面积的比。

它的运动类似于籽粒在空气状态下的运动,以此验证动力学方程的有效性。

4.2.1　水稻籽粒在空气中运动的动力学方程

与三维空间中的任何物体一样,一颗由风推动的水稻籽粒也会受到风力的影响,其受力方向与风力一致,但上升力是与其垂直的。在二维模型中,一颗由风推动的水稻籽粒在清选风的作用下受到水平阻力的影响,且同时受到风平气流的影响而提升为垂直阻力。同时,水稻会受到垂直阻力的影响,并且会受到垂直流的影响而提升为水平阻力。升力和阻力可以由以下方程表示:

$$
\begin{cases}
L = \dfrac{\rho \cdot C_L \cdot A}{2} U^2 \\[2mm]
D = \dfrac{\rho \cdot C_D \cdot A}{2} U^2
\end{cases}
\tag{4.1}
$$

考虑到籽粒的运动速度与风速之间的联系,式(4.1)表示为

$$
\begin{cases}
L = \dfrac{\rho \cdot C_L \cdot A}{2} (U - v)^2 \\[2mm]
D = \dfrac{\rho \cdot C_D \cdot A}{2} (U - v)^2
\end{cases}
\tag{4.2}
$$

式中:L——升力,N;

　　　D——阻力,N;

　　　C_L——升力系数;

　　　C_D——阻力系数;

　　　A——投影面积,m^2;

　　　U——风速,m/s;

　　　ρ——空气密度,kg/m^2;

　　　v——水稻籽粒速度,m/s。

由清选风推动的水稻籽粒同样会受到垂直方向的重力和浮力的影响。用 X 轴和 Y 轴分别表示水平和垂直方向,式(4.3)和式(4.4)两个方程用来表示水稻籽粒在空气作用下的运动轨迹,并且被认为是在影响水稻籽粒的所有力的作用下的运动轨迹。在垂直平面中,向下设为正方向。

水平方向:

$$m\ddot{x} = \pm\frac{\rho \cdot C_D \cdot A_x}{2}(U_x - \dot{x})^2 \pm \frac{\rho \cdot C_L \cdot A_y}{2}(U_y - \dot{y})^2 \qquad (4.3)$$

垂直方向：

$$m\ddot{y} = mg \pm \frac{\rho \cdot C_L \cdot A_x}{2}(U_x - \dot{x})^2 \pm \frac{\rho \cdot C_D \cdot A_y}{2}(U_y - \dot{y})^2 - \rho g V_o \quad (4.4)$$

式中：A_x，A_y——坐标轴线上的投影面积，m^2；

U_x，U_y——风速在 x，y 方向的分量，m/s；

m——水稻籽粒质量，kg；

V_o——水稻籽粒体积，m^3。

4.2.2　水稻籽粒的阻力和升力系数

本研究中使用的水稻为日本高知县 2001 年种植的越光品种。籽粒平均质量为 0.025 g，含水量大约为 15%。为了保持籽粒试验工况与实际工况一致，试验所用水稻籽粒将直接从粮箱中挑选并晾干。测定 5 颗籽粒的尺寸、投影面积和籽粒的质量，a，b，c 表示用卡尺测量得到的水稻籽粒尺寸（$a > b > c$）；为了计算一颗籽粒的投影面积，利用 500 万像素的数码相机拍摄，使籽粒在每个方向有 10 000 ～ 40 000 像素，籽粒投影面积可利用拍摄图片的长度跟籽粒实际长度相除计算得出。经计算：5 颗籽粒尺寸的平均值 $a = 6.95$ mm，$b = 3.32$ mm，$c = 2.36$ mm；5 颗籽粒的垂直和水平轴线均为 0°时，平均投影面积 $A = 16.80$ mm^2，5 颗籽粒的平均质量 $m = 0.027$ g。

影响水稻籽粒的阻力和升力的试验装置测量，如图 4.2 所示。在水稻籽粒的末端用一根直径为 0.5 mm、长度为 150 mm 的琴丝系在垂直顶部，从管道吹出风，而细丝的偏移情况由 25 万像素的高速摄像机以 1/250 s 的时间间隔进行拍摄，合成 0.4 s（100 幅）的连续图像。从原来位置到籽粒运动范围的中心距离可当作是平均位移，通过处理后的图像数据即可确定。琴丝的校准是通过固定一端，另一端悬挂一物体来确定的。为了调整气流，控制阀安装在离管口约 4 m 的位置。而为了掌握管道风场特性，使用热线风速计（TSIIFA300）（见图 4.3）对平均风速、标准偏差、湍流和温度进行测量。水稻籽粒放置在离管道中心 20 mm 的位置，使用简易风速计测量（KANOMAX，型号为 6112）离管道中心 30 mm 处的风速和温度。

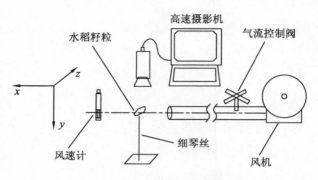

图 4.2　阻力与升力的测试装置

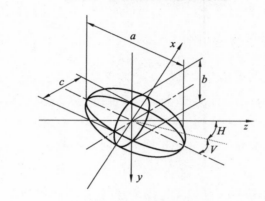

图 4.3　籽粒的方向

阻力和升力的系数值可通过式(4.5)和(4.6)中的阻力、升力及投影面积值计算得出。

阻力系数：
$$C_D = \frac{D/A}{\rho \cdot U^2/2} \tag{4.5}$$

升力系数：
$$C_L = \frac{L/A}{\rho \cdot U^2/2} \tag{4.6}$$

当籽粒的方向在 xz 平面改变时,阻力会根据投影面积的变化而变化。由 xz 平面中 H 角的改变而造成的阻力变化曲线是余弦曲线,限制在每两次最大和最小的阻力系数之间。阻力系数由式(4.7)表示,式(4.7)中 C_{Dmax} 和 C_{Dmin} 分别表示在所有的 H 角范围内的最大和最小阻力系数。

$$C_D = \frac{1}{2}\big[\,(C_{Dmax} - C_{Dmin}) \cdot \cos 2H + C_{Dmax} + C_{Dmin}\,\big] \tag{4.7}$$

由于 xz 平面内角度 H 变化造成的升力值变化是一种正弦曲线,限制在

每两次最大和最小的升力系数之间。升力系数由式(4.8)表示,式(4.8)中 $|C_{Lmax}|$ 表示在所有 H 角范围内的最大升力系数的绝对值。

$$C_L = |C_{L\max}| \cdot \sin 2H \tag{4.8}$$

4.2.3　终端速度计算

终端速度可由以下公式计算得到:

$$mg = \frac{\rho \cdot C_P \cdot A_y}{2} V_t^2 + \rho g V_o \tag{4.9}$$

水稻籽粒的浮力很小,本研究忽略不计。按 $H = 0°$ 和 $H = 90°$,利用公式(4.9)对阻力系数进行线性回归计算。用 20 ℃时籽粒重量 0.028 g 的阻力系数计算终端速度。当最大投影面积为 16.8 mm^2,阻力系数为 1.49 时,计算所得的终端速度为 4.17 m/s;当最小投影面积为 5.65 mm^2,阻力系数为 0.88 时,计算所得的终端速度为 9.37 m/s,这些值略低于先前的研究结果。

4.2.4　水稻籽粒在清选室中的运动轨迹

为了阐明在清选风作用下水稻籽粒的运动轨迹,本研究拍摄了在一定风速下水稻籽粒在流场中的运动轨迹,并利用龙格-库塔法计算动力学方程。研究表明,对水稻籽粒的运动轨迹进行数值模拟是可行的,也能利用初始风速预测运动轨迹的变化。

1. 拍摄试验装置

试验所用风道尺寸为宽 50 mm,高 175 mm。从风机中吹出的风先经过一段 PVC 管,而当风到达测量位置时,风速已经有所降低,以此获得一个统一的气流。热线风速仪(TSICo.,Ltd. IFA300)用来测量平均风速和沿垂直方向上的湍流强度。测量结果表明,管道上、下壁附近的平均风速比其他部位稍小,平均为 12 m/s。

2. 水稻籽粒运动轨迹的拍摄

一颗静止的水稻籽粒从直径为 8 mm 的管道顶部小孔掉落,用高速摄像机(约 250 000 像素,250 帧/秒)从风道的一侧拍摄它的运动轨迹,如图 4.4所示。籽粒会被重新运用到每个拍摄过程中,并且相同籽粒会经过多次掉落及 15 次重复操作。把 0.008 s 时间内拍摄的照片(帧)合成为一张图片(见图 4.5)。通过比较 25 个不同方向样本的图片(每个参考样本分别表示在不同的方向籽粒)确定谷物在清选风作用下的运动方向。样本籽粒的标准方向为 a 和 z 平面($H = 0°$)与 b 和 y 重合($V = 0°$),如图 4.3 所示。谷物在 H(水平)和 V(垂直)平面 0°～90°范围内以 22.5°角度为间隔进行重新定位,然后通过 H 和 V 的所有组合角度用来确定样本的方向。最后,通过长度方向像素值换算出谷物的坐标,以作为测量距离所用的参考值。

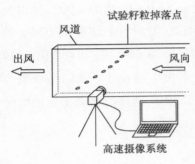

图 4.4　试验装置

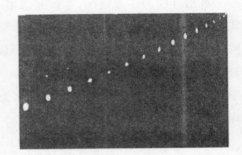

图 4.5　图像数据

在试验中获得的图像(掉落谷物 15 次)表明,当籽粒被风吹时,籽粒的方向会发生改变。这意味着影响籽粒的升力和阻力也将发生改变。籽粒在 X 和 Y 方向的初始速度每次都有一些差别,这是因为籽粒在开始下降的时候每次方向都不同。因此,籽粒每次下落的运动轨迹也略有不同。然而,每次的轨迹都相对集中,且在试验中没有出现特殊的轨迹。

4.2.5　运动轨迹的仿真计算

试验中,x 方向的风道风速大致为 12 m/s。因此,在仿真计算中,将风速值设定为 $U_x = 12.0$ m/s,垂直方向的风速忽略不计,即 $U_y = 0$ m/s。在垂直方向上升力和浮力忽略不计。

水平方向:

$$m\ddot{x} = \pm \frac{\rho \cdot C_D \cdot A_x}{2}(U_x - \dot{x})^2 \qquad (4.10)$$

垂直方向：

$$m \ddot{y} = mg \pm \frac{\rho \cdot C_L \cdot A_x}{2}(U_x - \dot{x})^2 \pm \frac{\rho \cdot C_D \cdot A_y}{2}(U_y - \dot{y})^2 \quad (4.11)$$

在图像数据分析的基础上，确定每个特定时间的谷物方向，将其数据代入式（4.10）和式（4.11），通过龙格-库塔法进行计算每 0.008 s 的谷物速度。

在所记录运动轨迹的末端，仿真计算的坐标跟实际谷物轨迹的坐标不一样。这种轻微差异是由于轨迹的初始定位与仿真计算的初始状态存在细微差别所致。同时考察每 0.008 s 的实际距离与仿真距离发现：它们之间的最大的差异值为 1.65 mm，差异率为 6.9%。考虑到籽粒的尺寸，这种差异在可接受范围内。差异产生的原因有：① 25 个方向参考样本的实际阻力和升力不一样；② 在仿真计算中，整个运动的方向被假定为一样的，而实际运动时籽粒的方向会发生改变。

4.2.6　空气动力特性等效球体模型

研究发现，球体可以重建水稻籽粒的运动轨迹，且其质量与投影面积比可达到 1.00 kg/m²。因此，在由树脂所构成的球体上重建水稻籽粒的运动轨迹是可行的。水稻籽粒运动时的阻力系数根据籽粒的含水量、形状、表面特征而改变。我们尝试建立一个模型，以期再现试验中水稻籽粒的运动轨迹。很多学者对球面阻力系数进行过研究，本研究的阻力系数为 0.4（$C_D = 0.4$）。假设在球面 0°位置有对称翼面，且球面在运动过程中不旋转，升力系数为 0，即 $C_L = 0$。球体的质量对投影面积的比值计算公式可由式（4.10）和式（4.11）推导得到，即

$$\frac{m}{A} = \frac{\rho \cdot C_d \cdot \left[(U_x - \dot{x})^2 + (U_y - \dot{y})^2 \right]}{2 \left[\ddot{x} - (\ddot{y} - g) \right]} \quad (4.12)$$

计算球体在每个特定时间的质量与投影面积的比值，每次试验的平均比值是不同的。为了确定球体质量与投影面积的比值，以期更精确地再现水稻籽粒的运动轨迹，可利用初始速度（$v_{x\max}$ 和 $v_{y\min}$）和（$v_{y\max}$ 和 $v_{x\min}$）进行仿真计算。质量与投影面积的比值在 1.46 ～ 1.47 kg/m² 的范围内变动，球体质量与投影面积的比值为 1.00 kg/m² 时，能再现水稻籽粒的运动轨迹。物

料密度(p_m)与球面直径(d)之间的关系可用式(4.13)表示,即

$$k = \frac{2}{3}\rho_m \cdot d \tag{4.13}$$

式中:ρ_m——材料密度,kg/m^3;

　　　d——水稻籽粒直径,m;

　　　k——质量与投影面积之比,kg/m^2。

　　试验所用球体由树脂材料制造而成,取材方便容易处理,直径测量容易。如果球体是由聚碳酸酯制造,其直径为1.25 mm,密度为1.20 g/cm^3;如果球体是由氯乙烯制造,其直径为1.33 mm,密度为1.40 g/cm^3。如果球体的直径为3~4 mm,其材料为膨胀的聚苯乙烯,则球体的密度为1.05 g/cm^3(泡沫塑料),膨胀率为210%~280%。

　　◉ **译者评述**

　　本文研究者对半喂入联合收割机利用风机清选装置的气流清选做过多项研究。本文主要研究在低喂入流量工况下单颗水稻籽粒在气流作用下的运动轨迹,并对此进行深入分析。本研究利用球体质量与投影面积的比值在1.00 kg/m^{2}的树脂球替代水稻籽粒做试验,是不受农时约束的好办法。在高喂入流量工况下,多颗水稻籽粒在气流作用下的运动轨迹及相互影响的研究更适合实际应用。

4.3　联合收割机清选装置设计计算[14]

4.3.1　概述

　　清选装置用于从脱粒装置和键式逐稿器落下的混合物中分离出籽粒。清选装置主要部件有:一个或两个在吊杆上振动的筛架、风扇、籽粒螺旋输送器和谷穗螺旋输送器及传动机构。

　　现代的谷物联合收割机上采用的是单筛架或双筛架风筛式清选装置。在少数国外联合收割机上,根据用户的要求还附加装有无气流喷吹的圆筒型清选装置,或者风筛式清选装置。

　　在双机架上配置清选筛时,要使筛子做方向相反的振动。在老式结构如C-1和C-6联合收割机上,清选装置由2个筛架和2个分置的风扇构

成。但这样的清选装置结构比较复杂和笨重,粮食清洁度低,清选损失较大,工作可靠性较差。

在其他条件相同的情况下,从混合物中所分离出籽粒的质量取决于风扇的风量、筛孔尺寸和筛子的运动规律。

在清选装置中将混合物内的籽粒和无籽粒杂质分离开来,主要由颗粒的大小和受风面积决定。现代联合收割机的清选装置都有 2 个清选筛,有些联合收割机的清选装置配有第三个专用筛,它用于筛分籽粒、清除三叶草和其他的小颗粒作物籽粒,第一筛子的筛孔比第二筛的筛孔大。

在谷物联合收割机上采用可调的(鱼鳞筛、阶梯式筛)或不可调的清选筛(编织筛、圆孔或椭圆孔的冲孔筛,阶梯式筛或格利别里型筛)。

为了回收杂余(未分离的籽粒和小穗),上筛的末端通常装有延长筛。

通过上筛延长筛孔的含有籽粒的混合物,以及从第二筛来的未分离物都进入杂余螺旋输送器,并根据未脱麦穗的多少由此被送往脱粒装置或逐稿器前部。

在单筛架清选装置中,在第一和第二清选筛之间有时安装有滑板,用于将穿过上筛的籽粒送到第二筛的前部。

含有籽粒的混合物通过光滑的或阶梯状的抖动板送入清选装置。在大多数联合收割机上,这种抖动板装有指杆式栅条,它们位于上筛的前部,用于将体积较大的茎秸类杂物推向筛子中部,这样可以为在筛子前部过筛大部分籽粒创造良好的条件。

清选装置的筛架悬挂在吊杆上,在单筛架清选装置中所配置的吊杆互相平行(见图 4.6)或反向平行(见图 4.7)。在双筛架的清选装置中,上筛架的吊杆是反向平行的,下筛架的吊杆是平行的(见图 4.8 和图 4.9)。

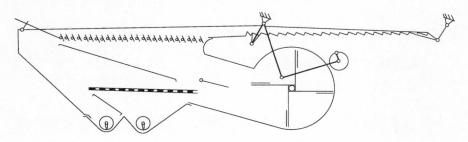

图 4.6　平行吊杆式清选机构

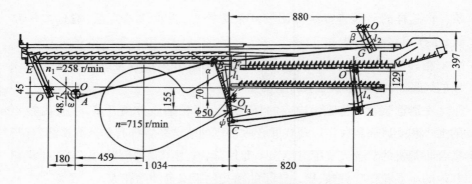

图 4.7　CK－3 型联合收割机清选机构运动学

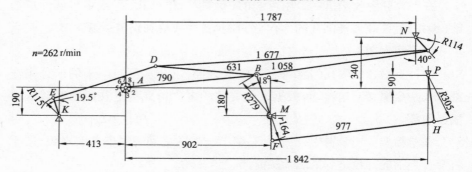

图 4.8　C-4M 型联合收割机清选机构运动学

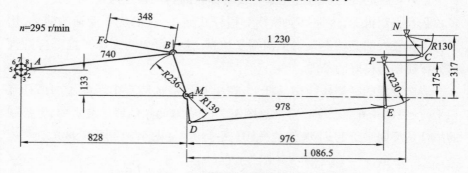

图 4.9　PK－2 型联合收割机清选机构运动学

　　气流的速度和方向可以通过位于风扇气道内的小挡板、风扇进风口流的开启或改变风扇的转速来进行调节。

4.3.2　清选装置处理的混合物的构成

　　进入联合收割机清选装置的脱出混合物,主要由籽粒及有机的和无机的杂质所构成。根据联合收割机喂入量的大小,谷物茎秆的数量、短茎秆和颖壳的含水量及收获季节,进入清选装置的混合物中籽粒含量的波动范围很大。

比如籽粒、茎秸和颖壳的含水量的波动在 5% ～ 44% 之间,茎秸等杂质含量波动为 5% ～ 40%,并且在这些杂质中 8% ～ 32% 是颖壳(谷芒、碎叶片和稗谷),当联合收割机的一般生产率接近 5.5 kg/s 时,清选装置的处理量有时可达到 3 kg/s。在克拉斯诺顿边区,用现代联合收割机以喂入量为 2.53 kg/s 进行脱粒时,籽粒含量为 75% 的混合物有 1.5 kg/s 进入清选装置。混合物的含水量在 8% ～ 15% 之间。

对 CK – 3 联合收割机的工作分析表明,进入清选装置的混合物处理量可用下式求得,即

$$q_B = q(1 - \lambda k) \qquad (4.14)$$

式中:q_B——清选混合物的处理量,kg/s;

　　k——联合收割机脱粒机构和逐稿器工作质量评价系数,通过试验取得;

　　λ——喂入谷物中茎秸的含量;

　　q——脱粒机构的喂入量,kg/s。

根据试验取得的数据可知,以小麦脱粒为例,当谷物含水量 $w \leqslant 10\%$ 时,$k \approx 0.6 ～ 0.7$;当谷物的含水量 $w \approx 10\% ～ 15\%$ 时,$k \approx 0.7 ～ 0.8$;当谷物的含水量 $w \geqslant 15\%$ 时,$k \approx 0.8 ～ 0.9$。

4.3.3　主要清选机构的尺寸选择和计算

通过对现代联合收割机清选装置运动规律的研究,可确定表征清选装置工况的某些数值变化范围,连杆与曲柄的关系为 $w = l_w/r \geqslant 5$,式中 l_w 为连杆长度,r 为曲柄半径。

筛面的水平夹角范围:双筛架为 0° ～ 2°,单筛架为 4° ～ 7°。

筛子振幅范围:双筛架清选装置上筛为 60 ～ 80 mm,下筛为 30 ～ 40 mm。单筛架清选装置筛子的振幅为 35 ～ 50 mm。

曲柄转速为 200 ～ 300 r/min。对于筛子振幅小的单筛架清选装置,可取曲柄转速应大于 300 r/min。

在国产双筛架清选装置上,当各部分处于极限位置时,几组角度的数值范围为:$\alpha \approx 18°$和$31°$;$\beta \approx 7°$和$40°$;$\varphi \approx 3°$和$20°$;$\xi \approx 2°$和$14°$;筛子水平夹角$\gamma \approx 0°$和$3°$;上筛架振幅$A_b \approx 60 \sim 65$ mm;下筛架振幅$A_H \approx 35 \sim 40$ mm;吊杆长度比值:上筛架$\dfrac{l_1}{l_2} = 1.8 \sim 2.5$,下筛架$\dfrac{l_4}{l_3} = 1.65 \sim 1.85$;最大加速度的变化范围:上筛为$\pm 26.5$ m/s^2,对于下筛为± 14 m/s^2。

最大加速度水平夹角与吊杆在极限位置时和垂线的夹角相等。

筛子最佳长度为$1\,000 \sim 1\,100$ mm,上筛宽度由许可的单位负荷(筛面单位宽度的负荷)来确定。收获干燥无杂草的谷物时,可调鱼鳞筛每分米筛宽的单位负荷为$q_0 = 0.15 \sim 0.17$ kg/(dm·s),在谷物收获较困难和收获大麦时,它应当减小至$q_0 = 0.10 \sim 0.12$ kg/(dm·s)。

清选筛宽度B_p按式(4.15)确定,即

$$B_p = \frac{q_B}{q_0} \tag{4.15}$$

因为分离混合物所需的空气流消耗量为

$$Q = \frac{q_B}{k_1 \gamma_0} \tag{4.16}$$

式中:Q——分离混合物所需的空气消耗量,m^3/s;

　　　k_1——浓度系数,$k_1 \approx 0.8$;

　　　γ_0——空气容重,$\gamma_0 = 1.2$ kg/m^3。

由此可求得

$$Q \approx 1.04 q_B \tag{4.17}$$

风扇出风口宽度为

$$B_B \approx B_p$$

式中:B_p——清选筛宽度。

清选风扇出风口高度为

$$h = \frac{Q}{v_B B_B} \tag{4.18}$$

式中:v_B——风扇出风口平均气流速度。

在设计风扇时,风速v_B可以近似值取为对其设计清选室的籽粒的最大临界飘浮速度。

出风口对水平面的倾斜角为

$$\alpha_1 \approx 25° \sim 30°$$

延长筛宽度：

$$B_y \approx B_p \tag{4.19}$$

延长筛长度：

$$l_y \approx \left(\frac{1}{5} \sim \frac{1}{7} \right) L_p \tag{4.20}$$

式中：l_y——振动筛长度。

4.4　通用型联合收割机的开发研究[15]

4.4.1　部件试验与通用型联合收割机的试制

传统型（指切流式）联合收割机可用于收割小麦，在收割水稻和大豆时的收割损失和籽粒破碎较多，因此需开发具有收割水稻、麦类、大豆、荞麦、大麦等多种作物通用功能的联合收割机，同时它也有利于降低谷物生产成本。为取得通用型联合收割机设计资料，对横轴流螺旋形脱粒装置和清选装置脱粒装置及用于纵轴流脱粒装置的抓取轮进行了基础试验。在此基础上从 1982 年开始对通用型联合收割机进行了开发研究。对通用型联合收割机开发的原则如下：

（1）将割下的全部作物进行脱粒（全喂入方式），采用螺旋形的脱粒机构和清选机构。

（2）在作物种类变化的情况下，不改变联合收割机的结构，而以调整脱粒滚筒转速、导向板开度和清选风的强弱来适应。脱粒滚筒转速有高速（用于水稻和小麦）和低速（用于大豆、荞麦和大麦）两种。

（3）割幅 2 m；作业速度：水稻为 0.6 ~ 0.8 m/s，小麦为 1.0 ~ 1.5 m/s，大豆为 0.7 ~ 1.0 m/s；喂入量：以水稻最大的脱粒负荷 3 ~ 4 t/h 和 4 ~ 5 t/h 的水平为目标。

（4）谷粒损失：水稻和小麦的谷粒损失小于 3%，大豆的谷粒损失控制在 5% 以下，出粮口的籽粒破碎率和含杂率控制在 1% 以下。

1. 螺旋形脱粒清选部件基础试验

根据以往的研究可知,螺旋形脱粒机构和螺旋形清选机构对于大豆脱粒是有效的,利用螺旋形大豆脱粒机构的前期试验,可确认该机构对于水稻和小麦也有适应的可能性,所以通用型联合收割机采用了螺旋形脱粒清选机构。为此,以水稻为主要试验作物,为取得脱粒清选部设计依据进行了基础试验。

(1) 试验装置

试验装置为横轴流式脱粒装置,如图 4.10 所示。供试的作物由 2 台并列供料输送机连续送进收割台,经收割台搅龙-中间输送装置送到脱粒装置。进入脱粒装置的作物经安装在脱粒滚筒(直径 450 mm,长 1 930 mm)外圆的螺旋(高 60 mm,导程 150 mm)和脱粒齿作用下,在轴向沿螺旋边移动边脱粒。与此同时被脱下的谷粒和部分茎秆从凹板筛(筛孔 18mm × 18 mm)漏下,大部分茎秆进入脱粒滚筒末端后,由安装在脱粒滚筒尾部的排草板沿着与脱粒滚筒轴垂直的方向从排草口排出机外。从凹板筛漏下的谷粒等混合物,被安装在螺旋形清选机构中的螺旋输送器(外径 177 mm,导程135 mm)在输送过程中清选,籽粒和细小的茎叶屑从清选网(网孔尺寸为12 mm × 12 mm)漏到皮带输送器上,短茎秆从螺旋输送器的顶端排出机外。之后,籽粒等经清选风清选,籽粒由集粮箱回收,在风扇清选风作用下茎叶屑从排草口排出,如图 4.11 所示。

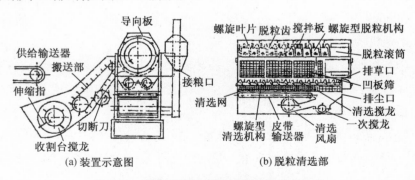

(a) 装置示意图　　　(b) 脱粒清选部

图 4.10　横轴流螺旋形脱粒和清选试验装置

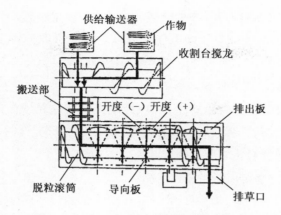

图 4.11　横轴流螺旋形脱粒试验装置作物流向

脱粒室上部的罩壳内侧装有 5 根弧形导向板,水平方向变更开度(对脱粒滚筒轴垂面的角度)的范围,可以调节脱粒室内作物通过的时间(脱粒时间)。另外,为降低脱粒时的功率消耗,在中间输送装置底部安装了滚刀(直径为 254 mm,转速为 1 500 r/min),可将收割台输送来的作物切断后再送进脱粒滚筒。

(2)作物特征和试验项目

① 作物特征。

1983 年研究者对脱粒机构进行了各种相关因素的试验。作物条件:水稻品种以"密阳 30"为例,籽粒含水率为 25.9% ~ 35.3% w. b,茎秆含水率 59.7% ~ 71.6% w. b;流量:籽粒流量为 630 ~ 3 910 kg/h,茎秆流量为 710 ~ 4 230 kg/h;草谷比为 1.08 ~ 1.52。小麦品种以"农林 61 号"为例,籽粒含水率为 24.9% ~ 25.8% w. b,茎秆含水率为 34.3% ~ 48.1% w. b;流量:籽粒流量为 1 040 ~ 3 560 kg/h;茎秆流量为 1 260 ~ 3 680 kg/h;草谷比为 0.93 ~ 1.1。

② 试验项目。

a. 脱粒齿顶端线速度和脱粒性能。

适合水稻和小麦脱粒的脱粒齿齿顶线速度范围为 20 ~ 28 m/s。

b. 导向板开度和作业性能。

由于在螺旋形脱粒机构中,脱粒室内的作物在螺旋作用下强制地沿轴线方向边移动边脱粒,所以导向板的开度应根据作物、品种及其含水量的不同,从增加作物移动阻力的一侧(闭侧)到促进作物流动的一侧(开侧)可以调节。因此,为了验证水稻大喂入量脱粒时导向板的功能,需调查它的开度和脱粒性能的关系。导向板开度范围为 −15 ～ +15。

c. 脱粒齿的位置和脱粒性能。

在现有的螺旋形脱粒机构中,脱粒齿就安装在脱粒滚筒的外表面的两条螺旋导程之间,这样多数脱粒齿在变形、磨损后进行更换时很费事。改进的方案是直接将脱粒齿安装在螺旋叶片上。

d. 供试作物是否切断与脱粒性能。

为了降低脱粒功耗,考虑了用安装在输送部的滚刀将割下的作物切断再送进脱粒部的方案。为了确认其效果,在3种喂入量下试验了切断与否和脱粒性能的关系。

e. 喂入量与脱粒性能。

为了求得供试脱粒机构处理量的上限,在草谷比大致保持不变的情况下改变喂入量,调查喂入量与脱粒性能的关系。

f. 螺旋形清选机构性能的确认。

(3) 试验方法

用割捆机在留茬25 cm处割取后,均匀地铺放在供给输送机上,试验时平均每15 s连续供给。脱粒试验后,将排草口和排尘口取得全部试样,用试验用脱粒机和风车进行处理,再从出粮口随机取样600 g各品种试样进行清选,求出以下的脱粒性能(和总质量的比例)。

a. 谷粒流量:单位时间供给脱粒部的籽粒质量。

b. 茎秆流量:单位时间供给脱粒部除籽粒以外的物料质量。

c. 清选部茎秆的流量:单位时间从脱粒室凹板漏下的籽粒以外的物料的质量。

d. 茎秆漏下率:清选部茎秆流量对茎秆流量之比。

e. 排草口损失:从排草口排出的籽粒(末脱净籽粒、夹带籽粒)与供给籽粒之比。

f. 籽粒破碎率:出粮口损伤籽粒的比例。

g. 未脱下籽粒的比例:出粮口枝梗上未脱下籽粒的比例。

h. 在各试验中脱粒滚筒所需动力(以下称脱粒部动力)的测定。

（4）试验结果和分析

① 脱粒齿顶线速度和脱粒性能。

对于难脱粒的品种,圆周速度在 22 m/s 时,末脱净籽粒的存在是引起排草口 3% 损失的原因,圆周速度越大该损失越少。同时,茎秆的漏下率随圆周速度的增大而增大。易脱粒的品种"密阳 30"也存在相同倾向,但由于容易脱粒,圆周速度为 22 m/s 时已不见未脱净籽粒,排草口损失小于 2%。就破碎率而言,圆周速度越大破碎率就越大,特别是当圆周速度达到 25 m/s 时,该趋势更明显。对于小麦,供试速度在 20 ~ 26 m/s 的范围内,几乎没有发生损伤粒。综合以上结果,在脱粒水稻和小麦的高速区,适合的线速度范围可认定为 24 ~ 26 m/s。

② 导向板开度和作业性能。

对水稻"密阳 30"和小麦"农林 61 号"的导向板开度有 –15°, –5°, +5°和 +15°四挡。任何开度作物的流动都顺畅。由于导向板从闭侧向开侧打开,作物在脱粒室内通过的时间缩短,对"密阳 30"水稻而言,排草口损失从 1.5% 增加到 3%,相反茎秆漏下率和脱粒动力减小了。将导向板关至 0°左右,脱粒动力增加,损失可控制在 2% 以下。但导向板过度关闭时,发现籽粒破碎率增加。由于含水率高等原因,容易脱粒品种的排草口损失增大。对以收获多种作物为目标的通用型联合收割机而言,导向板的安装是不可或缺的。

③ 脱粒齿的位置与脱粒性能。

经反复试验,调查了接触型(脱粒齿安装在螺旋叶片上)和中间型(脱粒齿安装在脱粒滚筒的外表面的两条螺旋导程之间)脱粒齿的脱粒性能接触形相比,脱粒齿的排草口的损失、未脱下籽粒的比例较少。相反,茎秆漏下率及脱粒功率较接触型脱粒齿中间型的大(流量为 1 t/h 时中间型的脱粒功率约 4 kW,接触型的脱粒功率约为 5 kW),在破碎率等方面两者没有差别。

④ 供试作物切断与否和脱粒性能。

当供试作物在输送途中切断后,与没有切断的相比,排草口损失增大,相反脱粒动力有所下降。另一方面,籽粒破碎率、末脱下籽粒比例及茎秆漏下率等几乎与作物是否切断无关。如上所述,虽然切断茎秆可减小脱粒动力,但由于排草口损失增加,故一般都不使用这种做法,除非在必要时(例如要收割倒伏在地面的长秆水稻)才采用。

⑤ 喂入量与脱粒性能。

供试作物为"密阳-30"时,虽然排草口损失总体较少,但其在喂入量小和喂入量大的情况下都有增大的倾向(特别是喂入量大时),显示了供试喂入量超过或小于适当喂入量时排草口损失都将增加。为了在喂入量为5 t/h的高喂入量时能稳定作业,有必要提高脱粒室的脱粒能力。低喂入量时籽粒破碎率也显示增大倾向,估计这是由于作为籽粒缓冲剂的稻草少的原因。另外,未脱下籽粒比例和茎秆漏下率等没有因喂入量变化而引起太大变化,高喂入量时其值反而小了。小麦试验也显示出与水稻试验时相同的情况,但籽粒破碎几乎没有发生。

其次脱粒动力随喂入量的增加而增大,但综合水稻试验结果时可发现,喂入量为1 t/h 时,需要4~5 kW 脱粒功率。以此标准开发目标喂入量为5 t/h时,配置20~25 kW 脱粒功率是必要的。由此可得到联合收割机动力配置的依据。

⑥ 螺旋形清选机构的功能确认。

无论是水稻还是小麦,落下的籽粒和较长茎秆在螺旋形清选部内都能顺利分离,另外由于安装在搅龙轴上搅拌杆的作用,清选网没有产生堵塞。对水稻而言,当清选部茎秆流量为500~600 kg/h 时(流量为4~4.5 t/h,茎秆漏下率以15% 计),清选部内的茎秆流有时不顺畅,按开发目标4~5 t/h的茎秆供给脱粒部时,清选部的茎秆流量增大。今后必须考虑应对处理大流量的对策。小麦在清选部没有出现问题,但在低喂入量时出现了有部分较长茎秆刺入清选网后的残茬的现象。

2. 抓取部件试验

在脱粒清选部基础试验装置上,脱粒滚筒的轴线方向和作物的供给方向是垂直的,但从联合收割机的功能出发,这两个方向应该一致才是合理的。因此,为了把输送部供给的作物顺畅地进入脱粒部,抓取装置是关键。

(1) 试验装置和方法

为了使输送部供给的作物顺畅地进入脱粒部,抓取装置是关键。1983年,研究者制作了如图4.12所示的试验装置和脱粒滚筒头部安装的4种抓取筒(见图4.13),并检验了它们的设计参数。试验时,观察了水稻、小麦和大豆各自从输送部向脱粒部输送过程的流动情况,试验时,水稻和小麦的喂入量为2~5 t/h,大豆流量为1~2 t/h。

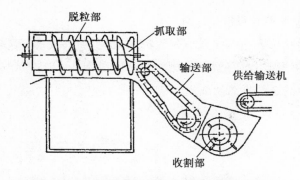

图 4.12　纵轴流螺旋形脱粒装置抓取部试验装置

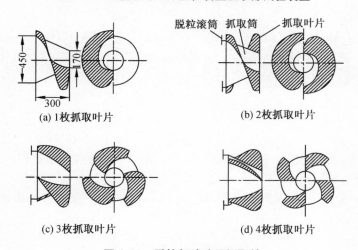

(a) 1枚抓取叶片　　　　(b) 2枚抓取叶片

(c) 3枚抓取叶片　　　　(d) 4枚抓取叶片

图 4.13　脱粒部试验用抓取筒

（2）试验结果与分析

在抓取筒上叶片为 1 片和 4 片时,从输送部向脱粒部输送的作物的流动不顺畅,向输送部返回的作物量较多,特别是在高喂入量和茎秆长度在 70 cm 左右时,这个现象更明显。2 叶片和 3 叶片时向输送部返回作物的少,可以连续不断地向脱粒部输送供试作物。特别是 2 叶片抓取筒的抓取稳定,其中一叶片的根部和脱粒滚筒的螺旋起始端相接,因此作物流动比较顺畅。当抓取叶片的外径和脱粒滚筒螺旋叶片的外径相同时,其效果受到肯定。根据对抓取轮的基础试验,在抓取筒上应安装 2 片叶片,其中一片和脱粒滚筒的螺旋叶片相接;且抓取叶片的外径应该和脱粒滚筒螺旋外径相同。

3. 通用型联合收割机的试制

以螺旋形脱粒清选部和抓取装置的基础试验中取得的数据为基础,从1983 年到1984 年试制了通用型联合收割机(见图 4.14)。试验用通用型联合收割机脱粒清选部断面如图 4.15 所示。

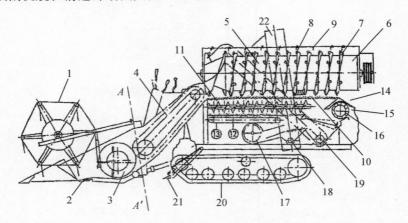

1—拨禾轮;2—切割器;3—搅龙;4—输送部;5—螺旋形脱粒机构;6—脱粒滚筒;7—螺旋叶片;8—脱粒齿;9—导向板;10—凹板筛;11—螺旋形清选机构;12—清选网;13—皮带输送器;14—排草口;15—排尘口;16—吸引风扇;17— 清选风扇;18——一次搅龙;19—二次搅龙;20—走行部;21—再切断装置;22—斗式输送器

图 4.14　试验用通用型联合收割机侧视图

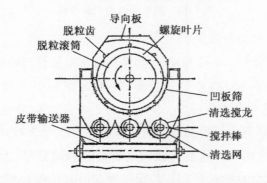

图 4.15　试验用通用型联合收割机脱粒清选部断面图

(1)结构参数和形式

外形尺寸:长 × 宽 × 高为 5 090 mm × 2 440 mm × 2 950 mm;

质量:2 134 kg;

收割台形式:拨禾轮式收割台，大豆收割台;

脱谷部形式:螺旋形脱粒机构;

粗清选形式:螺旋形清选机构;

割幅:2 134 mm;

发动机功率:主机:39 kW，副机:4 kW;

走行部:橡胶履带式。

① 收割台。

试制了拨禾轮式和大豆用(见图4.16)两种收割台。拨禾轮式收割台的切割幅宽2 134 mm,可以割行距为30 cm的水稻和小麦7行,行距为70 cm的大豆3行。大豆收割台主要由3组上下两层带拨指的输送链、往复式切割器、螺旋搅龙等构成,可收割3行。各组的间隔是可变的,适应于55 ~ 75 cm的行距。2种收割台可在如图4.12所示的挂结部位(A-A'断面)上进行更换。

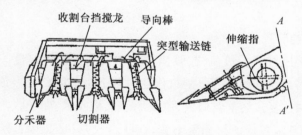

图4.16 试验用通用型联合收割机大豆收割台

② 输送部。

它为宽500 mm、高26 mm的木板条组成的链耙式输送器,输送速度为2.6 m/s。

③ 脱粒部。

由于基础试验中发现脱粒部的能力不足,因此把脱粒滚筒直径加大到500 mm,长度加长到2 245 mm(含抓取筒)。滚筒外表面安装有螺距为150 mm、高60 mm的螺旋叶片。同时,在螺旋叶片上焊接有89个脱粒齿(后仰角20°,高出螺旋叶片21 mm)。脱粒室罩壳内侧设置了8块导向扳,凹板筛使用了网格为18 mm×18 mm的卷曲网。脱粒滚筒的转速有高速24.5 m/s和低速10.3 m/s(均为齿顶线速度)两挡,高速用于水稻和小麦收割,低速用于大豆、荞麦和大麦收割。

④ 清选部。

设在凹板筛下方的清选部,由作为粗选装置的螺旋形清选机构和作为精选装置的风力清选机构组成。为了使处理能力与脱粒部的高喂入量相适应,增设了一组共3组螺旋组成的清选机构(外径177 mm,螺距135 mm)。另外,在搅龙轴上安装有防止清选网堵塞的搅拌棒,清选网选用了卷曲网(网格尺寸为12 mm×12 mm)。清选搅龙的回转速度为150 r/min。

⑤ 行走部。

试验用收割机选用了4行半喂入联合收割机的行走部。履带宽度400 mm,接地长度1 470 mm。

⑥ 发动机。

试验用收割机采用的发动机是用于驱动收割部、输送部、脱粒部与行走部的39 kW的柴油机及用于驱动清选部、籽粒回收部与二次还原部的4 kW的汽油机。

⑦ 再切割装置。

为了减轻脱粒部的负荷,在收割过程中提高了割茬高度。再切断装置就是为了接着再次切断联合收割机作业时留下来的高割茬。该装置由割幅为1 850 mm的往复式切割器构成,主要用于水稻收获,即使收割台切割器上下运动,再切割装置都保持固定不变,在联合收割机通过后,割茬高度保持在10 cm左右。

(2) 工作原理

在试制的通用型联合收割机作业时,割下的作物经收割台搅龙和输送部被送到脱粒室。进入脱粒室的作物在螺旋叶片和脱粒齿的作用下,顺着螺旋线的轨迹在边转动边沿脱粒滚筒轴向移动的过程中被脱粒。脱下的籽粒和小茎秆从凹板筛落入螺旋形清选机构中,大部分茎秆从排草口排到收割机外。落入清选机构的籽粒等在输送过程中由于清选搅龙得到清选,籽粒和茎秆屑从清选网落下,被皮带输送器送到风选部。在此籽粒和茎秆屑由振动筛和风扇进行精选后,籽粒经斗式输送器回收到集粮袋,细小的茎秆屑经吸引风扇从排尘口排到机外。另外,清选部里的长茎秆从清选部螺旋搅龙的一端排出,经吸引风扇从排尘口排到机外。需二次处理的物料由链板式输送器送到脱粒滚筒前部的抓取部重新脱粒。

4.4.2　水稻收获试验

本研究用试制的通用型联合收割机进行了水稻收获试验,分别研究了收获时期、收割时间、导向板开度、草谷比及喂入量与脱粒清选性能的关系,与此同时也研究了脱粒性的难易对脱粒请选性能的影响。通过一系列的试验,取得了排草口损失、排尘口损失及两者相加后的脱粒清选损失、茎秆漏下率、出粮口的籽粒破碎率、未脱净率、含杂率等基本脱粒清选数据和所需动力,验证了通用型联合收割机收获水稻的高性能。另外也考察了其实用化问题(试验于 1984—1987 年在生研机构附属农场进行)。

1. 试验项目和方法

(1) 试验项目

① 作物在联合收割机内的通过时间。

为了便于对试制的通用型联合收割机的研讨和试验结果进行分析,供试水稻经割取后,茎秆从排草口排出、籽粒到达籽粒口所需的时间由以下方法求出:首先,对试验区(长 60 m)中间位置的站立水稻(每次每行 1 穴 ×7 行)进行着色。其次,收割着色水稻的同时开始分别从排草口及谷粒口取样。一次取样时间,排草口为 1 s,谷粒口为 5 s,分别连续取样 13 次。最后,试验结束后,从各样品中挑出着色的谷粒和茎秆并测定其质量,求出茎秆和籽粒在联合收割机中通过的时间。

② 收获时期和脱粒清选性能。

本研究从 10 月 24 日到 11 月 10 日进行了 5 次收割试验,研究了作物的收获时期对脱粒清选性能的影响。

③ 收获时间和脱粒清选性能。

在有露水的晴天,从早晨到傍晚进行了 8 次收割试验,调查了收获时间对脱粒清选性能的影响。

④ 导向板开度与脱粒清选性能。

将导向板开度在 0° ~20° 范围内的 4 个位置进行了试验(2 反复),作物的了导向板开度对脱粒清选性能的影响。

⑤ 草谷比和脱粒清选性能。

保持作业速度不变(0.34 m/s),进行了割茬高度在 21 ～ 47 cm 范围内任意改变的收获试验,研究了割茬高度,也就是草谷比对脱粒清选性能的影响。

⑥ 喂入量和脱粒性的难易与作业性能。

在导向板开度调整为 0°,割茬调整为 30 cm 的工况下,对 8 个脱粒性不同的品种(印度型 1 个,日本型 7 个)进行了不同喂入量的收获试验。研究了不同喂入量和不同脱粒性能对脱粒清选性能的影响。在这种情况下,任何品种先采用最低的作业速度(0.3 m/s),再增大作业速度进行试验。在试验中对割茬的再切割装置的功能也同时进行了确认。

(2)供试品种特征与作业参数

供试的"初星""密阳 30"等 8 个处于适收期的品种是由生研机构附属农场栽培的。供试品种的作物特征:大部分为移栽,行距为 30 cm,株距为 16.5 ～ 17.3 cm,株高为 88.3 ～ 105.9 cm,倒伏角为 67.3° ～ 85.5°,收获量为 5 570 ～ 7 570 kg/hm² (水稻籽粒含水率为 14.0%,折算值);"初星"脱粒难,"密阳 30"易脱粒;籽粒含水率为 22.9% ～ 28.9% w.b,茎秆含水率为 58.4% ～ 70.4% w.b;草谷比为 1.05 ～ 1.72;作业速度为 0.32 ～ 0.79 m/s;籽粒流量为 1 490 ～ 5 000 kg/h;茎秆流量为 2 240 ～ 5 900 kg/h。

(3)试验方法

在联合收割机割取 7 行,脱粒齿顶线速度为 24.5 m/s,在不考虑草谷比的前提下大约取割茬高度 30 cm 等设定条件下进行收获试验。试验预备区长 40 m,测定区长 10 m,在测定区内,排草口和出粮口的样品全量接取。试验结束后,将从排草口和接粮口接取的样品全部由试验用脱粒机和风车处理。另外,从接粮口随机接取 600 g 样品并按不同品种进行分离,然后求出籽粒流量、茎秆流量、清选部茎秆流量和茎秆漏下率;再求出以下脱粒清选性能指标(均为质量比例):

a. 排草口损失:从排草口接取的籽粒与收获的全部籽粒之比。

b. 排尘口损失(即清选损失):从排尘口接取的籽粒与收获的全部籽粒之比。

c. 脱粒清选损失:排草口和排尘口损失之和。

d. 籽粒破碎率：出粮口破碎籽粒的比例。

e. 枝梗附着籽粒比例：出粮口(样品)枝梗上籽粒的比例。

f. 含杂率：出粮口(样品)杂质的比例。

试验中对联合收割机各功能部件所需的动力做了测定。在这些动力测定中，总动力、脱粒部动力、收割台和输送部动力、行走部动力通过在各自的驱动轴上粘贴应变片来测定，其他动力(清选部、籽粒输送机构、返回处理机构和动力传动系统等)及整个所需动力由计算求得。

2. 试验结果和分析

(1) 联合收割机内作物通过时间

试验结果表明：着色的茎秆经收割后在 3～12 s 之间从排草口排出，在 6～7 s 间排出最多，联合收割机内平均通过时间为 6.4 s。着色籽粒在收割后 5～50 s 之间从排粮口回收，但回收最多的时间段为 10～15 s，在联合收割机内平均通过时间为 16.4 s。和茎秆比较，籽粒的通过时间较长，原因是脱粒后经过清选部、籽粒输送机构，还有部分要经过二次返回加工后再回到出粮口。本试验可以说明，割取后回收大约 100% 的籽粒在出粮口需要 40～50 s。因此，试制联合收割机在水稻收获试验中，最高作业速度假定为 0.8 m/s 时，需要 30～40 m 的准备区(试验区)。

(2) 收获时期和脱粒清选性能

试验结果表明：供试作物在联合收割机的适收期前 1 周到适收期后 3 天的 18 天内进行了 5 次试验。期间，由于天气等原因作物的含水量变化小，但随着收获时期的进展收割脱粒损失和枝梗上未脱下籽粒的比例有减小的倾向。排草口损失随着收获时期的进展有减小的倾向，但总的排草口损失比较小，看不出大的变化。籽粒破碎率平均为 0.4%，试验时含水率的范围没有发生大的变化。

(3) 收获时刻和脱粒清选性能

试验结果表明：试验日为晴天，早晨露水较大，在 0.34 m/s 的低速进行收获作业，联合收割机各部工作顺畅。在性能方面，排草口损失从早上到傍晚没有发现大的变化，但排尘口损失在上午 7 时 30 分收割时达到 2% 左右。早晨排尘口损失增加，其原因是风力清选时潮湿的茎秆屑和籽粒的清选条件恶化。但是晨露少的上午 9 时以后性能趋向稳定，因此本联合收割机的收获时刻在正常的作物条件下最好在上午 9 ～ 10 时以后。

（4）导向板的开度和脱粒清选性能

试验结果表明：导向板的开度在 0° ～ +20°（开侧）范围内，随着开度的增大，作物在脱粒室内通过的时间变短，和基础试验结果一样，排草口损失增大。由于导向板开度越大清选部茎秆流量越小（茎秆漏下率变小），排尘口损失显示了减小的倾向。但是由于排草口损失变大，整个脱粒清选损失受排草口损失的影响变大。分析出粮口的情况可见，籽粒破碎率为 0.4% ～ 0.5%，导向板的开度变化对其影响不大。而枝梗上未脱下的籽粒随着开度的增大而增多，开度从 0° 增加到 +20° 时，枝梗上未脱下的籽粒约从 7.5% 增加到约 8.5%，脱粒清选损失约从 1.2% 增加到约 2.5%（主要是排草口损失）；茎秆漏下率约从 15% 减小到 5%，清选部茎秆流量约从 550 kg/h 减小到约 200 kg/h。脱粒部的功率消耗约从 18 kW 减小到约 12 kW。由此可见，导向板的开度对脱粒清选性能的影响是明显的。

（5）草谷比和脱粒清选性能

试验结果显示：草谷比在 1.05 ～ 1.72 之间，割茬高度在 21 ～ 47 cm 之间，任意设定割茬高度进行收获试验时，随着割茬高度的减小，草谷比变大，排草口的损失有变小的倾向，而由于草谷比变大，清选部茎秆流量增加，排尘口损失反而有增大的倾向。由此可见，构成脱粒和清选损失的排草口损失和排尘口损失分别出现了相反倾向。本试验中的草谷比约为 1.2。

当观察籽粒破碎率和枝梗上未脱下籽粒的比例时，割茬越高草谷比变小，相对于同样的籽粒量，茎秆量变小籽粒破碎率和枝梗上未脱下的籽粒增大，特别是草谷比小于 1.2（割茬高度大于 35 cm），籽粒破碎率表现明显。当增大割茬高度时，脱粒部动力减小（草谷比从 1.72 减小至 1.05 时，脱粒部的功率消耗约从 21 kW 减少到约 12 kW），由于担心破碎率和枝梗上未脱下籽粒增加，因此希望收割时割茬高度控制在 35 cm 左右。

（6）喂入量与脱粒性和作业性能

① 脱粒清选损失。

茎秆流量和脱粒清选损失的试验结果显示，在最高速度进行收获作业时，由于喂入量的增加而使脱粒清选损失增大，在同样流量下，越是难脱粒的品种脱粒清选损失越大。试验结果显示最高作业速度时具体的脱粒清选损失,脱粒性"极难"的品种约为3%,脱粒性"难"的品种约为2% ~ 2.5% (如"初星"),脱粒性"中"的品种约为1%,脱粒性"易"和"极易"的品种约为0.5%(如"密阳30"),加上收割台的损失(0 ~ 0.1%),假若是一般的作物条件,除去"极难"品种以外,籽粒损失可以控制在3%以内。当分析脱粒清选损失的构成时,排草口的损失所占的比例较高,而且排草口损失和脱粒性的难易程度有非常大的关系。排尘口的损失在各试验区都比较小,因供试品种不同产生的差异没有明确地显示出来。

② 籽粒破碎率和发芽率。

虽然因喂入量变化引起对破碎率的影响尚不清楚,但整个试验区破碎率值在0.1 ~ 0.7 之间,可以实现1%以下的开发目标。发芽率都在95% ~ 100%之间(作为人工脱粒的对照区为98% ~ 100%)。

③ 枝梗上未脱下籽粒比例

试验结果显示:相比而言,枝梗上未脱下籽粒的比例与供试品种的脱粒性的难易程度有很大关系,脱粒性越难的品种其比例越高;还有,茎秆流量小时,各个品种枝梗上未脱下籽粒的比例都比较高;再有,脱粒性"极难"和"难"的品种中的一部分,杖梗上未脱下籽粒超过10%。今后,应在保持现有籽粒破碎率的同时,研讨如何控制降低枝梗上未脱下籽粒的比例。

④ 含杂率。

整个试验中的含杂率在0.1% ~ 0.4%之间,清选性能好。

⑤ 所需功率。

具体而言,作为开发目标的4 ~ 5 t/h 的茎秆流量,脱粒部功率需配备20 ~ 25 kW,对它进行换算 1 t/h 大约需 5 kW。收割台和输送部所需的功率和茎秆流量有很大的关系,但整体所需功率较小,即使茎轩流量为 5 t/h 时也大约只需要 2 kW。行走部功率当然与联合收割机的作业速度关系密切,记录的实例是:行走速度为 0.3 m/s 时行走功率为2.4 kW,0.6 m/s 时为 4 kW,0.8 m/s时为 5 kW。

以下是收获脱粒性"极难"品种时联合收割机各功能部功率分布的实例:作业速度为 0.55 m/s,流量为 5.4 t/h 时,联合收割机整体消耗功率约 40 kW,其中脱粒部为 26.4 kW,约占全部功率的 66%;清选和籽粒输送与传动 7.68 kW 约占全部功率的 19.2%,收割台和输送部 2.0 kW,约占全部功率的 5.0% ;行走 3.7 kW, 约占全部功率的 9.45% ;从以上结果可知,制造与试验用联合收割机相同收获能力的联合收割机时,发动机功率至少选用 40 kW,但在实际使用中,由于作业条件和田间条件,要求更大的功率才能适应收获作业,发动机功率可以认为至少应配 45 kW。

⑥ 再切断装置的功能。

对各个品种的试验中收割机都安装了割茬再切断装置,它的作用得到了确认,在试验速度范围内,10 cm 割茬高度时收割机可顺畅作业。但从实用化而言,为了使收割机在进入田块和退出田块时再切断装置不与田埂碰上,其收起方法有待再研究。

4.4.3 麦类收获试验

本研究用试制的通用型联合收割机进行了小麦、二条大麦、六条大麦的收获试验,分别研究了作物含水率(收获时期)、导向板开度、割茬高度及喂入量等与作业性能的关系。经过一系列的试验,弄清了包括排草口损失和排尘口损失及两者合计的脱粒清选损失、茎秆漏下率、出粮口的籽粒破碎率、籽粒含杂率等脱粒清选特性及脱粒部所需动力,验证了通用型联合收割机收获小麦、大麦的优良性能。特别地,本研究还研究了供试小麦在收获期内的发芽率,证明了具有螺旋形脱粒机构的通用型联合收割机也可以用于收获种子。该试验在 1984—1988 年进行。

1. 试验项目和方法

(1) 试验项目与作物特征

作物特征:以"农林 61 号"为例,含水率:籽粒 20.7% w.b ～42.0% w.b,茎秆 49.1% w.b ～64.9% w.b。

作业速度:0.48 ～1.31 m/s;流量:籽粒 1 930 ～5 340 kg/h,茎秆 1 170 ～7 020 kg/h;栽培样式:条播;行距:60.0 cm;株高:86.8 ～93.4 cm;倒伏角:基本直立;收获量:3 930 ～5 270 kg/ha(以小麦含水率 12.5% 的换算值)。

① 作物含水率(收获时期)和作业性能。

研究了作物含水率(收获时期)对脱粒清选性能产生的影响。小麦从 6 月 19 日至 6 月 28 日试验 5 次,收割试验导向板的开度为 +10°。

② 导向板开度和脱粒清选性能。

将导向板的开度在 0°～30°内进行 4 次变更,研究导向板开度对脱粒清选性能的影响。

③ 割茬高度和脱粒清选性能。

割茬高度在 18～47 cm 的范围内进行 3 次改变,研究割茬高度对脱粒清选性能的影响。试验时导向板的开度为 +10°。

④ 喂入量和作业性能。

作业速度在 0.5～1.3 m/s 范围内分 5～8 次变更的条件下进行试验,测定作业速度对作业性能的影响,并和普通联合收割机(切流式)的排出茎秆进行比较。试验时导向板的开度为 +10°。

⑤ 籽粒含水率与发芽率。

研究具有螺旋形的通用联合收割机作为种子联合收割机的可能性。具体说,从 1986 年开始至 1988 年,根据籽粒含水率的不同,每年对不同籽粒含水率(收获时期)的小麦做 4～5 次试验,调查了籽粒含水率(收获时期)和发芽率的关系。试验时导向板的开度为 +10°。

(2) 试验方法

在收获试验中,小麦割 4 行(部分试验区割 3 行),割茬高度设定在 15 cm 左右。在各试验区设预备区 40 m 以上,测定区 10 m,在测定区内,接取排粮口、排草口、排尘口的全部物料。试验结束后,将排草口和排尘口接取的试样用脱粒器和风车进行处理,从出粮口取得的试样中随机取出 600 g 并按不同物料进行分离。然后求出籽粒流量和茎秆流量、清选部茎秆流量、茎秆漏下率、排草口损失、脱粒清选损失及出粮口的籽粒破碎率、含杂率、断穗率、包皮率(小麦)等。

另外试验还测定了收割台损失。在割台损失中,掉穗的籽粒和漏割的籽粒全部收取,单颗籽粒在一定面积(割幅×1 m,取 2 点)内收取。在发芽率试验中,每个试验区取 300 颗供试的完整籽粒用以测定发芽率(20 ℃,8 日之内发芽颗数的比例),并测定脱粒部所需动力。

2. 试验结果和分析

(1) 作物含水率(收获时期)和脱粒清选性能

试验结果显示:对供试作物"农林 61 号"在籽粒含水率为 20.7% w.b～

42.0% w.b 之间进行了 5 次收获试验,但脱粒清选损失为 0.3%,很小。在本试验的范围内没有因作物含水率(收获时期)而使损失增大,获得了出粮口籽粒破碎率在 0~0.2%,断穗率为 0~0.1%,含杂率为 0.2%~0.3% 的良好结果。当籽粒含水率为 42.0% w.b 时籽粒包皮率约为 9%,但随着籽粒含水率的减小籽粒包皮率有减小的倾向,籽粒含水率在 30% 以下时,其值大约减为 1% 以下。

（2）导向板的开度和脱粒清选性能

试验结果显示:当导向板从 0° 向 +30° 打开时,由于作物在脱粒室内通过的时间变短,与收获水稻时一样其脱粒清选损失增加,相反脱粒部所需动力减小(约从 20 kW 减小到 10 kW)。但是,即使将导向板开到 +30° 也未见未脱下籽粒,脱粒清选损失在 1% 以下。将这个试验结果和后述的喂入量与作业性能试验结果进行综合判断,可认为导向板的开度为 +10°~+30° 是麦类收获时的适当开度范围。另外,观察出粮口的细样,即使导向板开度有变化,籽粒破碎率和断穗籽粒的比例仍为 0.1%（未变）,籽粒含杂率为 0.3%~0.5%,包皮籽粒占 0.5%~0.7%。

（3）割茬高度和脱粒清选性能

试验结果显示:割茬高度小于 34 cm,脱粒清选损失为 0.2%,大致保持不变,但当割茬高度为 47 cm 时,损失有增加的倾向。观察出粮口的细样,籽粒破碎率为 0.1%~0.2%,包皮籽粒占 0.4%~0.7%,断穗籽粒的比例为 0.1%,与割茬高度没有一定的关系,但含杂率显示了随收割高度的增高而增大的倾向。脱粒动力自然随着收割高度的增高而减小(当割茬高度从 20 cm 增大到 40 cm 时,脱粒动力约从 10 kW 减小为 6 kW)。高割茬收割时由于漏割损失和落粒损失增加,故要求麦类收割时割茬高度控制在 30 cm 左右。

（4）喂入量和作业性能

① 收割台损失。

落在地上的籽粒、落穗的籽粒及漏割籽粒构成了收割台损失,一般为 0.1%~0.4%。可以认为,这个损失受到麦的种类、品种、作物含水率、作业速度等因素的影响,但在本试验中割台损失和各因素之间没有发现存在一定的因果关系。

② 脱粒清选损失。

试验结果显示：脱粒清选损失和茎秆流量之间的关系，对"农林 61 号"而言，即使茎秆流量增加脱粒清选损失也没有大的变化，为 0.3% 左右。两个小麦品种即使流量增加也未见大的变化。关于排尘口的损失，即使在最大茎秆流量时也在 0.5% 以下。

③ 茎秆漏下率和清选部茎秆流量。

试验结果显示：供试小麦的茎秆含水率，"农林 61 号"为 56.3% w.b 从凹板筛的茎秆漏下率因茎秆含水率的减小反而有增大倾向。观察茎秆漏下率和茎秆流量的关系，茎秆含水量高的小麦即使茎秆流量变化，茎秆漏下率也未发现有大的变化（约为 20%）。在喂入的茎秆流量相同的场合，清选部的茎秆流量随茎秆含水量的降低而增大。当茎秆流量增大时，清选部的茎秆流量也增大，"农林 61 号"最大流量为 1.4 ~ 1.5 t/h。这样在麦收试验时会出现清选部的茎秆流量很大的情况，但即使在最大的茎秆流量时，上述的排尘口损失会降至 0.5% 以下，显示了良好的清选性能。

④ 出粮口取样剖析。

当分析两品种小麦收获的出粮口样品时，其不同种类的比例是：破碎率为 0 ~ 0.1%，含杂率为 0.1 ~ 0.2%，断穗籽粒为 0 ~ 0.1%，包皮率为 0.3 ~ 0.9%，显示了良好的结果。

⑤ 脱粒部动力。

试验结果显示，随着流量的增大，脱粒动力也随之增大是必然的（当流量从 2.5 t/h 增大至 5 t/h 时，脱粒部动力约从 8 kW 增大到 14 kW）。和收获水稻时脱粒部动力相比，考虑到茎秆性状不同及麦类收获的导向板开度与水稻收获时相比设于开侧较大位置，麦类收获的脱粒动力明显减小。

⑥ 籽粒含水率和发牙率。

1986 年和 1987 年采用的脱粒齿齿顶的圆周速度为 24.5 m/s，1988 年采用 23.1 m/s。作为参考机试验的半喂入联合收割机（种子用）是生研机构所有的 2 行机，脱粒齿顶圆周速度为 13.1 m/s。

试验结果表明：即使在籽粒含水量相同的情况下，由于年份不同发芽率也会有差异，所以每年都要进行测定。首先看 1986 年，通用型联合收割机收割区与人工收割区相比，其发芽率较低，与籽粒含水率变化大致呈现相同的倾向。为了确保 90% 以上的发芽率,在籽粒含水率约小于 35% 时再进行收割。其次是 1987 年,该年的发芽率是 3 年中最高的,在籽粒含水率为 43% 的高水分时发芽率也达到 94% 左右(人工脱粒区约为 100%)。在 1988 年,与作为参考机供试的半喂入联合收割机(种子收割用)相比较,其发芽率几乎相同。

根据以上结果,具有螺旋形脱粒机构的通用型联合收割机可以作为收获种子用。在小麦收获时,为了确保 90% 以上的发芽率,收获时籽粒含水率达到 30% 以下可以认为是安全的。

◉ 编译者评述

全喂入横轴流联合收割机和纵轴流联合收割机已成为当今水稻联合收获的主力机型之一。特别是纵轴流联合收割机近年来获得快速发展。可以说,现代纵轴流联合收割机正是来自本文作者 20 多年前探索性的研究成果,并经后人不断改进发展而成且还在不断改进发展中。但现代纵轴流联合收割机(包括日本现正在使用的收割机)的某些主要功能部件已不同文中所述的试验样机,如脱粒装置不再采用螺旋形结构(封闭式脱粒滚筒表面焊上螺旋叶片和脱粒齿)以促进作物边脱粒边沿脱粒滚筒轴向移动,而采用开式杆齿式脱粒滚筒,利用脱粒室上部罩壳内的弧形导向板,即可实现作物边脱粒边沿脱粒滚筒轴向移动的功能;清选装置也不再采用螺旋形机构,而采用简单高效的双层振动筛式结构。整机也采用一台发动机驱动,试验数据也只能参考。尽管这样,本文作者经 20 多年前深入、细致的研究工作及其取得的成果,对纵轴流联合收割机的发展仍具有重要的意义。

参 考 文 献

［1］ 杉山隆夫. 水稲収穫作業の新技術，V コンバイン［J］. 農業機械学会誌,1997,59(4):140-145；大本启一. 2002,64(6):26-30；平田和嘉. 2004,67(4):23-27；今村英一. 2007,69(4):22-25；福田禎彦. 2009, 71(1):22-25；佐村木仁. 2010,72(5):24-28；松原一晃. 2012,74(6): 30-35.

［2］ Naonobu Umeda. Research Trend of Combine Harvester in Japan［R］. 收获机械技术与装备国际高层论坛,中国镇江市,2011.

［3］ 生研センター. 収穫物選別部をフツ化樹脂コートした自脱コンバインを開発［R］. さいたま本部,2009.

［4］ Ryuichi Minami. クボタにおける収穫機の開発動向について説明［R］. 收获机械技术与装备国际高层论坛,中国镇江市,2011.

［5］ 井上英二,丸谷一郎,光冈宗司,等. コンバイン刈刃駆動部の力學モデルとその验证［J］. 農業機械学会誌,2004,66(2):61-67.

［6］ 李昇揆,川村登. 軸流スレツシャ關すゐ研究(第2報)——被脱穀物のごぎ室内での運動解析［J］. 農業機械学会誌,1986,48(1):33-41.

［7］ 姚勇,饭田训久,野波和好,等. コンバイン選別部の穀粒流れモデル［J］. 農業機械学会誌,2007,69(1):37-43.

［8］ 松井正実,井上英二,森键,等. 有限體積法によゐコンバイン脱穀部選別風速の数値流体解析［J］. 農業機械学会誌,2005,67(1):53-60.

［9］ Desria, Nobutaka ITO. Theoretical Model for the Estimation of Turning Motion Resistance for Tracked Vehicle［J］. Journal of the Japanese Society of Agricultural Machinery, 1999,61(6):169-178.

［10］ 杉山隆夫,市川友彦,高桥弘行,等. 立毛脱穀に関する研究(第1報)——水稲収穫性能［J］. 農業機械学会誌,2000,62(1):127-136.

[11] 杉山隆夫,市川友彦,高桥弘行,等. 立毛脱穀に関する研究(第2报)——小麦収穫性能[J]. 農業機械学会誌,2000,62(1):137－145.

[12] Masami MATSUR, Eiji INOUE,Tomoko KUWANO,Ken MORI. Regulating the Winnowing Fan to Accommodate Changes in the Grain Feed Rate[J]. Journal of the Japanese Society of Agricultural Machinery,2003,65(4):77－81.

[13] Masami MATSUR, Eiji INOUE,Tomoko KUWANO,Ken MORI. Study on Flying Paddy Acting the Cleaning Wind(Part1,2)[J]. Journal of the Japanese Society of Agricultural Machinery,2004,66(1):43－54.

[14] СПРАВОЧНИК КОНСТРУКТОРА СЕЛБСКОХОЗЯЙСТВЕННЫХ МАШИН, ТОМ(2)[M]. МОСКВА:ГОСУДАРСТВЕННОЕ НАУЧНО-ТЕХНЙЧЕСКОЕ ИЗДАТЕЛЬСТВО,1961,ГлаваⅡ:419－422.

[15] 市川友彦,杉山隆夫,高桥弘行,等. 汎用コンバィンの開発研究[J]. 農業機械学会誌,1996,58(3):77－86;58(4):87－94;58(5):71－77.